essentials

essentials liefern aktuelles Wissen in konzentrierter Form. Die Essenz dessen, worauf es als „State-of-the-Art" in der gegenwärtigen Fachdiskussion oder in der Praxis ankommt. *essentials* informieren schnell, unkompliziert und verständlich

- als Einführung in ein aktuelles Thema aus Ihrem Fachgebiet
- als Einstieg in ein für Sie noch unbekanntes Themenfeld
- als Einblick, um zum Thema mitreden zu können

Die Bücher in elektronischer und gedruckter Form bringen das Fachwissen von Springerautor*innen kompakt zur Darstellung. Sie sind besonders für die Nutzung als eBook auf Tablet-PCs, eBook-Readern und Smartphones geeignet. *essentials* sind Wissensbausteine aus den Wirtschafts-, Sozial- und Geisteswissenschaften, aus Technik und Naturwissenschaften sowie aus Medizin, Psychologie und Gesundheitsberufen. Von renommierten Autor*innen aller Springer-Verlagsmarken.

Wolfgang Frindte

Wider den Chauvinismus

100 Jahre Paul K. Feyerabend

 Springer VS

Wolfgang Frindte
Institut für Kommunikationswissenschaft
Friedrich-Schiller-Universität
Jena, Thüringen, Deutschland

ISSN 2197-6708   ISSN 2197-6716   (electronic)
essentials
ISBN 978-3-658-42721-4   ISBN 978-3-658-42722-1   (eBook)
https://doi.org/10.1007/978-3-658-42722-1

Die Deutsche Nationalbibliothek verzeichnet diese Publikation in der Deutschen Nationalbibliografie; detaillierte bibliografische Daten sind im Internet über http://dnb.d-nb.de abrufbar.

Planung/Lektorat: Frank Schindler
Springer VS ist ein Imprint der eingetragenen Gesellschaft Springer Fachmedien Wiesbaden GmbH und ist ein Teil von Springer Nature.
Die Anschrift der Gesellschaft ist: Abraham-Lincoln-Str. 46, 65189 Wiesbaden, Germany

Das Papier dieses Produkts ist recyclebar.

Was Sie in diesem *essential* finden können

- Ein Überblick über die Biographie von Paul K. Feyerabend
- Eine Einführung in ausgewählte Schlüsselwerke Feyerabends, in denen er den Kritischen Rationalismus kritisiert, einen erkenntnistheoretischen Anarchismus vertritt sowie für einen gesellschaftlichen Pluralismus plädiert
- Ein kritisches Fazit über die mögliche Aktualität der Feyerabendschen Thesen

Vorwort

Am 13. Januar 2024 wäre Paul Feyerabend 100 Jahre alt geworden.

Anarchist der Wissenschaftstheorie, Chaot, Enfant Terrible, Popstar unter den Denkern oder Voodoo-Priester der Erkenntnistheorie - mit solchen und ähnlichen Titulierungen wurde Paul K. Feyerabend nicht nur in deutschen Feuilletons bedacht; auch seine Kritikerinnen und Kritiker aus den Reihen der Wissenschaft waren nicht zimperlich. Einige verglichen ihn mit einem Guru und meinten das keinesfalls wertschätzend. Andere sahen in ihm nicht nur den „Salvador Dali of academic philosophy", sondern „the worst enemy of science". Auch als positiver Dadaist, anregender Provokateur, genialer Wissenschaftstheoretiker, begnadeter Geschichtenerzähler, Sänger, Schauspieler, der sich und sein Publikum gern auf die Schippe nahm und – vor allem – als überzeugter Anhänger des wissenschaftlichen Pluralismus und demokratischen Relativismus wurde und wird er gepriesen.

Wolfgang Frindte

Inhaltsverzeichnis

„Zeitverschwendung": Biografisches

1.1 „... der Eindruck der Realität ist verschwunden."

Paul Feyerabend wurde am 13. Januar 1924 in Wien geboren. Seine Mutter stammte aus Niederösterreich und nahm sich 1943 das Leben. Sein Vater beteiligte sich als Soldat und späterer Offizier am Ersten Weltkrieg, arbeitete danach als österreichischer Beamter in Wien und wurde nach dem Anschluss Österreichs an das nationalsozialistische Deutschland Mitglied der NSDAP. Er starb in den späten 1950er Jahren.

Die erste Wohnung, an die sich Paul Feyerabend erinnern kann und in der er mit seinen Eltern wohnte, lag in der Wolfganggasse, im 12. Wiener Bezirk Meidling, damals ein Arbeiterbezirk und auch heute noch von der Politik der SPÖ geprägt.

Die Wohnung in der Wolfganggasse war klein und karg, eine Küche, ein Schlafwohnzimmer und ein Arbeitszimmer für den Vater. Hier verträumte Paul Feyerabend seine Kindheit bis zum Schuleintritt, schaute aus dem Fenster, beobachtete die Welt, die Straßenarbeiten, die elektrisch angetriebenen Busse, die Straßenkünstler, hörte, wie die Erwachsenen in den Nachbarwohnungen sich stritten und ihre Kinder schlugen. Mit sechs Jahren wurde Paul eingeschult. Nach einigen Schwierigkeiten mit den Lehrern, seinen Mitschülern und der eigenen Unruhe gelang es ihm wohl ganz gut, mit den Anforderungen der Grundschule klar zu kommen.

Im Alter von zehn Jahren erlebte Feyerabend den Februaraufstand in Wien. 1932 wurde der konservative Politiker Engelbert Dollfuß österreichischer Bundeskanzler. 1933 entmachtete er den Nationalrat und verbot die Kommunistische Partei (und etwas später den österreichischen Flügel der NSDAP). Auch der

W. Frindte, *Wider den Chauvinismus*, essentials, https://doi.org/10.1007/978-3-658-42722-1_1

Republikanische Schutzbund, eine paramilitärische Organisation der österreichischen Sozialdemokratischen Arbeiterpartei wurde verboten und agierte nun illegal. Als im Februar 1934 österreichische Polizisten nach versteckten Waffen des Schutzbundes suchten, kam es zu einem blutigen Aufstand. Auf der einen Seite kämpften Mitglieder des Revolutionären Schutzbundes, auf der anderen Seite die Polizei und Truppen des Bundesheeres. Bei den bis 15. Februar andauernden Kämpfen starben rund 1.000 Menschen auf der Seite des Schutzbundes und mehr als hundert auf der anderen Seite. Zahlreiche Funktionäre der Sozialdemokratie wurden anschließend verurteilt und acht Todesurteile vollstreckt (siehe auch: Österreichische Mediathek).

Über seine Erlebnisse schreibt Feyerabend lapidar: „Die Leichen und die blutbespritzten Straßen, die ich während des Bürgerkrieges von 1934 in Wien sah und die Ereignisse der Nazi-Zeit berührten mich genauso oder, besser gesagt, sie gingen genauso spurlos an mir vorüber" (Feyerabend, 1995a, S. 33).

In diesem Jahr wechselte Paul Feyerabend in das damalige Robert Hamerling-Realgymnasium, einer von den sozialdemokratischen Bildungsideen beeinflussten Schule, die nach dem „Anschluss" an das „Deutsche Reich" in „Staatliche Oberschule für Jungen" umbenannt wurde und in dem „nichtarische" Schüler – bis zu deren Vertreibung und Vernichtung – in separaten „Judenklassen" unterrichtet wurden. Paul Feyerabend lernte im Gymnasium Latein, Französisch, Englisch und Naturwissenschaften. „Ich war ein »Vorzugsschüler«, was in den Schulzeugnissen durch einen Stern an meinem Namen zum Ausdruck kam" (1995a, S. 38). Später, im Alter von etwa 16 Jahren, stand er im Ruf, mehr von Physik und Mathematik zu verstehen als seine Lehrer, was ihn nicht davor schützte, auch mit Verweisen bestraft zu werden. Und er las viel: Kinderbücher, wie Struwwelpeter oder die Geschichte von Rübezahl, Romane von Edgar Wallace, Arthur Conan Doyle, Alexander Dumas, Jules Verne, Karl May oder Hedwig Courths-Mahler, Taschenbuchausgaben von Goethe, Schiller, Grabbe, Kleist, Ibsen oder Shakespeare. Auf langen Spaziergängen deklamierte er Peer Gynt, Faust oder Shylock. Auch Bücher von Platon und Descartes oder von den Wissenschaftlern Ernst Mach (1838–1916) und Hugo Dingler (1881–1954) fielen ihm in die Hände und weckten sein Interesse an der Philosophie, der Physik, Mathematik und Astronomie. Im Schulchor sang er Solopartien „[…] und zwar recht eindrucksvoll" (1995a, S. 48), besuchte die Wiener Oper und die Theater und nahm – kurz vor der Matura – Gesangsunterricht bei Adolf Vogel (1897–1969) an der Musikakademie in Wien. „Mein Lebenslauf war nun klar vorgezeichnet: Während des Tages beschäftigte ich mich mit theoretischer Astronomie […], am Abend folgten Proben, Gesangsübungen und Opern […] und nachts schließlich astronomische Beobachtungen" (ebd., S. 53).

Einen Strich durch die Rechnung des – so lässt sich sagen – Hochbegabten machte im April 1942 nach Abschluss des Gymnasiums der Einberufungsbefehl zum Reichsarbeitsdienst. Nach der Grundausbildung im deutschen Pirmasens folgte ein Einsatz in der Bretagne. Mit einem Hang zur Faulheit, einer gewissen Renitenz und intensivem Bücherlesen bewältigte Feyerabend auch dies. Im Dezember 1943 wurde er dann zur Wehrmacht eingezogen und meldete sich ein paar Wochen später freiwillig zur Offiziersausbildung. Auch mit dem Gedanken, zur SS zu gehen, spielte er kurzzeitig. „Weil", wie er schreibt, „ein SS-Offizier besser aussah, besser sprach und besser ging als ein gewöhnlicher Sterblicher" (1995a, S. 59). Zunächst in Jugoslawien, u. a. in Brod, Banja Luka, Novi Sad, Vincovi und später an der sogenannten Ostfront gegen die Sowjetunion erlebte er den Krieg als Gefreiter, Unteroffizier und Offizier. Im März 1944 bekam er das Eiserne Kreuz zweiter Klasse, weil er mit seinen Soldaten unter feindlichem Beschuss ein Dorf eingenommen hatte. Im November 1944 hielt er an der Offiziersschule in Dessau-Rosslau Vorträge vor Offiziersanwärtern u. a. über die Epochen der Kunstgeschichte und die Aufklärung. Auch über das Verhältnis von Deutschen und Juden hat er – nach eigenen Angaben – gesprochen. „An unserem Unglück", zitiert Feyerabend aus einem seiner Vorträge, „sind wir selbst schuld gewesen. Dabei dürfen wir die Schuld keinem Juden, keinem Franzosen und keinem Engländer zuschieben" (1995a, S. 72). Mag sein, dass er das so gesagt hat. Wenn, dann wäre es sicher „Vaterlandsverrat" gewesen. Stattdessen wurde er Ende 1944 zum Leutnant befördert, wieder an die „Ostfront" nach Polen versetzt und im Januar 1945 zum Kommandanten einer Fahrradkompanie ernannt. Nachdem sich seine Vorgesetzten ins Krankenlager verabschiedet hatten, wurde Feyerabend „[...] Kommandant von drei Panzern, eines Infanteriebataillons und einiger Hilfstruppen aus Finnland, Polen und der Ukraine" (1995a, S. 73). Auf der Flucht vor den sowjetischen Truppen und – wie er schreibt – aus Nachlässigkeit wurde er von mehreren Schüssen an der Hand, im Gesicht und im Rücken verwundet. Der Krieg war für ihn aus. Die Folgen der Verwundungen werden ihn sein Leben lang begleiten. Er wird mit ständigen Kopfschmerzen leben müssen, ohne Stock nicht gehen können und impotent sein.

Über seine Einstellungen zum Nazireich, zum Krieg, zur Vernichtung der Juden erfährt man aus Feyerabends Autobiografie nur wenig. Seine Eltern begrüßten – wie viele Österreicher – den „Anschluss" an das deutsche „Reich". Feyerabend kannte Hitlers „Mein Kampf" („Der Text ist ungeschliffen [...] und mehr ein Gebell als eine Rede", 1995a, S. 58). Von den ersten Seiten aus Rosenbergs „Mythos des zwanzigsten Jahrhunderts" war er indes „bewegt". Dass seine jüdischen Mitschüler aus dem Gymnasium und die jüdischen Nachbarn in Wien bald verschwanden, nahm er zwar wahr, große Gedanken machte er sich darüber nicht.

Man bedenke: 1938 lebten knapp 200.000 Jüdinnen und Juden in Österreich, zirka 165.000 in Wien. Nach dem „Anschluss" kam es in Wien und anderen österreichischen Städten zu Pogromen, Plünderungen jüdischer Geschäfte und Wohnungen, Demütigungen der jüdischen Bevölkerung. Ab Ende 1938 erfolgte die „Arisierung" von ehemals jüdischen Unternehmen und – unter maßgeblichen Einfluss von Adolf Eichmann – die Vertreibung der Juden aus Österreich. Im Februar 1941 begann die Deportation der österreichischen Juden in die Ghettos und Vernichtungslager. Paul Feyerabend hätte manches wissen können.

„Während der Nazizeit achtete ich wenig auf die allgemeinen Bemerkungen über das Judentum, den Kommunismus und die bolschewistische Bedrohung. Ich habe sie nicht übernommen, ihnen aber auch nicht widersprochen" (Feyerabend, 1995a, S. 76).

Dass es 1942 in den jugoslawischen Regionen, in denen sich Feyerabend 1943 aufhielt, zu Kriegsverbrechen und Pogromen (Massaker von Novi Sad im Januar 1942, Massaker von Banja Luka im Februar 1942) durch ungarische Soldaten bzw. faschistische Ustascha-Truppen gekommen war, hat er entweder nicht wahrgenommen oder vergessen.

Über den Rückzug aus der Sowjetunion erfährt die Leserin, der Leser, dass er mit seinen Soldaten alle Häuser sprengte, die sie finden konnten. Gräueltaten von Infanteristen gegenüber der „feindlichen" Zivilbevölkerung nahm er zwar zur Kenntnis, sie schockierten ihn nicht, „[…] dafür waren sie viel zu seltsam. Aber ich habe sie behalten, und wenn ich heute daran denke, schaudert es mich" (Feyerabend, 1995a, S. 67).

Die einerseits sehr detaillierten Schilderungen über einzelne Episoden der Vorkriegs- und Kriegszeit stehen in einem merkwürdigen Verhältnis zu den distanzierenden Beschreibungen und Erklärungen seines Verhaltens und seines Erlebens in dieser Zeit. Es mag stimmen, dass er vieles von dem, was in diesen Zeiten geschah, erst später nach dem Krieg aus Büchern oder Fernsehfilmen erfahren hat und ihn das, was er tatsächlich sah, hörte und an dem er selbst beteiligt war, kaum berührte. „Für mich war die deutsche Besatzung und der Krieg eine Unannehmlichkeit, nicht ein moralisches Problem, und meine Handlungen gingen nicht aus einer klaren Weltanschauung hervor, sondern aus Launen und zufälligen Umständen" (ebd., S. 56).

Am 1. April 1945 überquerte die III. US-Armee unter der Führung von General George S. Patton die westliche Landesgrenze Thüringens. Am 11. April wurde das Konzentrationslager Buchenwald bei Weimar befreit. Am 16. April 1945 übernahm das US-amerikanische Militär die Regierungsgewalt in Thüringen und setzte am 9. Juni den ehemaligen KZ-Häftling und Sozialdemokrat Dr. Hermann Brill als vorläufigen Regierungspräsidenten ein. Anfang Juli 1945 verließen die US-amerikanischen Truppen Thüringen, Sachsen und das heutige Sachsen-Anhalt. Die sowjetische 8. Gardearmee, die maßgeblich an der Befreiung Berlins beteiligt war, übernahm die Macht in Thüringen.

Paul Feyerabend erholte sich zu dieser Zeit in einem Apoldaer Lazarett, in der Nähe von Weimar. Er lief an Krücken, hatte seine erste Liebesaffäre, bei der ihm schmerzlich seine Impotenz bewusst wurde und sprach beim Bürgermeister der Stadt vor, einem Antifaschisten, und bat um eine Beschäftigung. Der Bürgermeister wies ihm – wohlwissend, dass er einen ehemaligen Wehrmachtsoffizier vor sich hatte – eine Arbeit in der städtischen Kulturabteilung zu. Dort war Feyerabend nun für Unterhaltung zuständig und schrieb für verschiedene Anlässe Reden, Sketche und kleine Theaterstücke (Feyerabend, 1995a, S. 81). Eine erneute Erkrankung machte dieser Episode bald ein Ende. Nach der Genesung gelang es ihm, in Weimar ein Gesangsstudium aufzunehmen. Die Hochschule für Musik in Weimar hatte bereits im Juli 1945 ihre Türen wieder geöffnet. Bekannte Musiklehrer*innen arbeiteten in dieser Zeit als Professoren an der Hochschule. Paul Feyerabend erhielt ein Stipendium und Lebensmittelkarten und erprobte sein Gesangs- und Schauspieltalent u. a. bei Josef Maria Hauschild und Maxim Valentin. Er nahm u. a. Unterricht in Italienisch, Harmonielehre, Klavier, Gesang und Darstellung, wurde Mitglied des Kulturbundes[1], in diesem, wie er schreibt, einzigen Verein seines Lebens.[2] und war ein fleißiger Besucher der Konzert- und Theateraufführungen im Deutschen Nationaltheater zu Weimar. Das Große Haus lag zwar durch einen Bombenangriff seit Februar 1945 in Schutt und Asche, hatte aber seinen Spielbetrieb (bis zur Wiedereröffnung 1948) in die Weimarhalle verlegt.

„Ich hatte wohl ein erfülltes Leben, und doch war ich unzufrieden. Wie es meine Art ist, habe ich nicht lange darüber nachgedacht und mich entschlossen zu gehen" (Feyerabend, 1995a, S. 84).

Möglicherweise hatte auch die neue politische Situation in der Sowjetischen Besatzungszone (SBZ) im Allgemeinen und in Thüringen im Besonderen einen Anteil an der Unzufriedenheit Feyerabends. Am 16. Juli 1945 wurde die Provisorische Regierung in Thüringen von der Sowjetischen Militäradministration in

---

[1] Der „Kulturbund zur demokratischen Erneuerung Deutschlands" hatte sich am 8. August 1945 in Berlin unter dem Vorsitz von Johannes R. Becher konstituiert. Die Thüringer Sektion des Kulturbundes wurde am 8. Februar 1946 gegründet.

[2] Das dürfte nicht ganz stimmen. Ab Januar 1948 war Paul Feyerabend auch zahlendes Mitglied im Verein des Österreichischen Collegs, dem späteren Alpbach Forum (Kuby, 2010a, S. 1043).

Deutschland (SMAD) entlassen und durch eine neue ersetzt, die bis zur Land-
tagswahl im Herbst 1946 im Amt blieb. Die SMAD legte – per Befehl – viel Wert
auf eine schnelle Wiederherstellung des kulturellen Lebens in der SBZ (SMAD-
Befehle 50 und 51 vom September 1945). Theater, Opern, Museen öffneten
wieder. Die Spannungen zwischen der SED-dominierten Politik in der SBZ und
den Befindlichkeiten der Bevölkerung oder die Vorzeichen eines kalten Krieges
dürften indes an dem sensiblen, wenn auch – nach eigenen Aussagen – politisch
etwas oberflächlichen Paul Feyerabend nicht ganz spurlos vorübergegangen sein.

Vielleicht lag es auch einfach an den antifaschistischen Theaterstücken, die
in Weimar inszeniert wurden und die sich – aus Feyerabends Sicht (Feyerabend, 1995a, S. 84) – in ihrer Dramaturgie nicht sonderlich von den Stücken
und Dramen aus der Nazizeit unterschieden; möglicherweise gab es auch andere
Gründe – auf jeden Fall entschied sich Paul Feyerabend, Weimar im November
1946 zu verlassen und somit im Alter von 24 Jahren nach Wien zurückzukehren.

1.2 Zwischen Basissätzen, Gesang und den Frauen

Um an der Universität Wien immatrikuliert zu werden, musste sich auch Paul
Feyerabend einer Überprüfung durch eine Ehrenkommission unterziehen. Da er
kein Mitglied der NSDAP war, wurde er als unbelastet eingestuft. Zunächst
schrieb er sich im Wintersemester 1946/1947 in den Fächern Geschichte, Philosophie und Kunstgeschichte ein und wechselte im folgenden Sommersemester
zur Physik und Astronomie. Er hörte Vorlesungen u. a. bei Hans Thirring (1888–
1978), bei Karl Przibram (1878–1973) und bei Felix Ehrenhaft (1879–1952).
Thirring war wegen seiner Nähe zur („jüdischen") Relativitätstheorie und seiner
pazifistischen Grundhaltung im Dezember 1938 von Nazis aus dem Hochschul-
betrieb entlassen worden. Er kehrte 1945 an die Wiener Universität zurück,
wurde dort Dekan bzw. Prodekan der Philosophischen Fakultät und engagierte
sich später als SPD-Bundesrat in der Friedensbewegung. Przibram wurde 1938
wegen seiner jüdischen Herkunft ebenfalls aus dem Hochschuldienst entfernt,
emigrierte nach Belgien und beteiligte sich dort in der „Österreichischen Frei-
heitsfront" am Widerstand gegen den Nationalsozialismus. 1946 kehrte auch er
nach Wien zurück und übernahm 1947 eine Professur am 2. Physikalischen Institut der Universität. Ehrenhaft, der, wie Thirring und Przibram, bereits vor 1933
ein anerkannter Wissenschaftler war, verlor als Jude 1938 ebenfalls seine Anstel-
lung als Physikprofessor und Vorstand des 3. Physikalischen Instituts an der
Wiener Universität. Er emigrierte 1939 nach Brasilien und später in die USA.

Im März 1947 kehrte auch er an die Wiener Universität zurück und erhielt dort eine Gastprofessur (siehe: Gedenkbuch Universität Wien).

Es waren also große Wissenschaftler, auf die Paul Feyerabend in Wien traf. Und sie dürften ihn beeindruckt haben. Zu den Lehrveranstaltungen, die Feyerabend in Wien besuchte, gehörten auch Vorlesungen bei den Mathematikern Johann Radon, Edmund Hlawka und Nikolaus Hofreiter, einem ehemaligen NSDAP-Mitglied, sowie Physikvorlesungen bei Theodor Sexl und Veranstaltungen zur Astronomie bei Adalbert Johann Prey. Seine Freizeit, wenn man es so nennen kann, verbrachte Feyerabend im Theater, in der Oper und in Konzerthallen. Er besuchte Diskussionen über Politik und moderne Wissenschaft. Und er nahm wieder Schauspielunterricht und Gesangsstunden.

1948 bekam Feyerabend eine Gelegenheit, die sein weiteres akademisches Leben stark beeinflussen sollte. Er besuchte im August das *Forum Alpbach*. „Dies war der entscheidendste Schritt meines Lebens" (Feyerabend, 1995a, S. 98). Das Forum wurde nach der Befreiung vom Nationalsozialismus 1945 von Otto Molden, damals Student in Wien, und dem Innsbrucker Philosophen Simon Moser als „Österreichisches College" gegründet. Alljährlich, immer im August, treffen sich seitdem (bis heute) im Tiroler Bergdorf Alpbach Studierende gemeinsam mit Vertreter*innen aus Wissenschaft, Politik und Kunst, um über Themen der Zeit diskutieren, Theaterstücke aufführen oder Konzerte besuchen zu können. Gefeiert wurde (und wird) natürlich auch. „Hin und wieder veranstalteten wir ein Kabarett. Viele Affären blühten und verwelkten unter dem Mond von Alpbach" (Feyerabend, 1995a, S. 98). Drei Jahre nach dem ersten Forum kamen im August 1948 zirka 300 bis 350 Studierende, Professoren und Künstler*innen nach Alpbach, darunter auch der Wissenschaftsphilosoph Karl Raimund Popper.

Nach einer hitzigen Debatte über Wahrheit, an der sich auch Feyerabend beteiligte, kam er mit Popper ins Gespräch. Sie redeten – nach Feyerabends Aussagen – über Musik, über Beethoven und Wagner und sicher auch über Basissätze. Es mag sein, dass sich Popper von dem jungen, stürmischen Feyerabend beeindrucken ließ.

In den Jahren nach 1948 wird Feyerabend noch öfter nach Alpbach kommen, als Student, Dozent und als Leiter von Seminaren. Er wird den Physiker Erwin Schrödinger (ohne Katze) und die Physikerin Lise Meitner treffen, die Philosophen Rudolf Carnap und Herbert Feigl kennen und schätzen lernen, mit Joseph Agassi, Hans Albert oder Imre Lakatos über den Kritischen Rationalismus streiten.

Alpbach 1948 hatte Folgen. In den österreichischen Universitätsstädten bildeten sich regionale Collegegemeinschaften von Studierenden, die in „Grundkreisen", „Gesprächen" und „Arbeitskreisen" die Themen von Alpbach aufnehmen und weiter diskutieren wollten. Daniel Kuby (2010a) belegt auf der Grundlage von Archivdokumenten, dass Paul Feyerabend dabei eine aktive Rolle innehatte. Einer dieser Arbeitskreise, in dem Feyerabend eine führende Rolle einnahm, war der sogenannte „Kraft-Kreis", ein – wie Feyerabend schreibt (1995a, S. 104) – „[…] studentische(s) Pendant des Wiener Kreises". Viktor Kraft (1880–1975) wurde akademischer Leiter dieser Arbeitsgruppe. Kraft gehörte zum „Wiener Kreis" um Moritz Schlick, Hans Hahn, Otto Neurath, Rudolf Carnap, Olga Taussky, Rose Rand und Herbert Feigl. 1938 wurde Kraft wegen der jüdischen „Abstammung" seiner Frau zwangspensioniert; auch seine Lehrbefugnis entzog man ihm. Nach dem Kriegsende wurde er rehabilitiert, arbeitete zunächst als Bibliothekar, um 1947 als Extraordinarius und 1950 als Ordentlicher Professor an das Institut für Philosophie an die Wiener Universität zurückzukehren. Dort lernt ihn Paul Feyerabend kennen.

Am „Kraft-Kreis" nahmen Studierende der Philosophie und der Naturwissenschaften teil. Sie diskutierten über Wissenschaftstheorie, über die Relativitätstheorie und die Welt an sich. Feyerabend traf dort u. a. auf Elisabeth Anscombe (1919–2001), eine der bekanntesten Schüler*innen von Ludwig Wittgenstein, auf Ernst Topitsch (1919–2003), der später ein bekannter, nicht unumstrittener Soziologe wird, und auf den Marxisten und späteren Freund Walter Hollitscher, der ihn mit den marxistischen Klassikern und dem Dialektischen Materialismus vertraut machte.

In dieser Zeit dürfte Feyerabend durch Vermittlung von Walter Hollitscher auch Bertolt Brecht kennengelernt haben, der nach den Verfolgungen durch das „Komitee für unamerikanische Umtriebe" die USA 1947 verlassen hatte und nach Europa zurückgekehrt war. Brecht bot Feyerabend eine Stelle als Assistent in Berlin an. Feyerabend sagte ab und blieb in Wien.

Es ist gut möglich, dass die Schriftstellerin Ingeborg Bachmann ab 1948 ebenfalls an den Sitzungen des „Kraft-Kreises" teilgenommen hat. 1950 promovierte sie bei Viktor Kraft mit einer Arbeit über „Die Aufnahme der Existenzphilosophie Martin Heideggers" (Eberhardt, 2020, S. 5). Joseph McVeigh (2016, S. 49) meint, Ingeborg Bachmann und Paul Feyerabend seien Freunde gewesen und gemeinsam ausgegangen. In „Zeitverschwendung" erwähnt Paul Feyerabend die Bachmann allerdings nicht.

Beide teilten das große Interesse an der Sprachphilosophie Ludwig Wittgensteins. Im Frühjahr 1951 versuchte Ingeborg Bachmann, Wittgenstein in Cambridge zu treffen, und Paul Feyerabend bemühte sich, mit einem Stipendium vom British Council bei Wittgenstein studieren zu können. Beider Versuche waren indes vergeblich. Ludwig Wittgenstein starb am 29. April 1951. Von Wittgenstein konnten sie dennoch nicht lassen. Ingeborg Bachmann wird sich an der Sprachauffassung reiben, die der frühe Wittgenstein im „Tractatus logico-philosophicus" vertritt (z. B. Bachmann, 1993; Original 1953). Paul Feyerabend kehrte immer wieder zu Wittgenstein zurück, rezensierte die posthum erschienenen „Philosophischen Untersuchungen" (Feyerabend, 1955a); er wird sich auf Wittgenstein berufen und wissenschaftliche Systeme als solche ablehnen (Feyerabend, 1986, S. 380; Original: 1975) und Sympathien für Wittgensteins Pragmatismus entwickeln (Feyerabend, 2005, S. 102).

Zwei Jahre vor Wittgensteins Tod gelang es Feyerabend mit Unterstützung durch Elisabeth Anscombe den Sprachphilosophen, der sich gerade in Wien aufhielt, in den „Kraft-Kreis" einzuladen. Er „[…] kam über eine Stunde zu spät […] Er sprach ausführlich, was man sieht, wenn man durch ein Mikroskop schaut. Das sind Dinge, die wirklich zählen, wollte er damit wohl sagen, und nicht abstrakte Betrachtungen über Beziehungen von »Elementarsätzen« und »Theorien«" (Feyerabend, 1995a, S. 106). Damit hatte Wittgenstein, wenn er es so gesagt haben sollte, Feyerabends Nerv getroffen. Im Dezember 1951 verteidigte Feyerabend seine Dissertation. Sie trägt den Titel „Zur Theorie der Basissätze". Gutachter waren Viktor Kraft sowie der Philosoph und Literaturhistoriker Friedrich Kainz.

Abstraktes sieht man bekanntlich nicht, man kann es denken, malen, in Zahlen oder in Sätzen ausdrücken bzw. anders visualisieren. Liebe, Glück und Trauer an sich sind abstrakte Wörter. Wissenschaftliche Theorien sind ebenfalls mehr oder weniger abstrakt. Wäre es dann nicht schön, wenn es ganz einfache und beobachtbare Sachverhalte gäbe, die, wenn man sie in einem sprachlichen Satz ausdrückt, das bezeichnen, was man mit Liebe, Glück etc. meint bzw. worauf man eine wissenschaftliche Theorie begründen kann. Mit diesem Problem hatte sich auch Wittgenstein bereits im „Tractatus logico-philosophicus" (Wittgenstein, 1963; Original: 1922) beschäftigt.

Elementarsätze nennt Wittgenstein (Wittgenstein, 1963, 1.21) die kleinste semantische Einheit, mit der ein Sachverhalt sprachlich ausgedrückt werden kann. Elementarsätze können entweder falsch oder wahr sein. Alltagssätze, wie jene über Liebe, Glück und Trauer, oder wissenschaftliche Sätze, wie „Die Erde dreht sich um die Sonne", müssten sich nach Wittgenstein, auf solche Elementarsätze zurückführen und auf Wahrheit prüfen lassen.

Leider gibt Wittgenstein kein Beispiel für einen solchen Elementarsatz an. Das ist an dieser Stelle allerdings ebenso wenig von Bedeutung wie die wissenschaftliche Wende, die Wittgenstein später vollzog. Viel wichtiger dürfte sein, dass die Koryphäen des Wiener Kreises die Wittgensteinschen Elementarsätze zum Anlass nahmen, um nach Kriterien zu suchen, mit denen der Sinn wissenschaftlicher Aussagen festgestellt werden kann und zwar „[…] durch logische

Analyse, genauer: durch Rückführung auf einfachste Aussagen über empirisch Gegebenes" (Verein Ernst Mach, 2006, S. 12; Original: 1929). Über den Namen dieser einfachsten Aussagen waren sich die Kreisteilnehmer nicht immer einig. Moritz Schlick und Rudolf Carnap nennen sie Fundamental- oder Beobachtungssätze, Otto Neurath Protokollsätze. Popper spricht in „Logik der Forschung" von Basissätzen und will sich nicht nur begrifflich abgrenzen, sondern nimmt durch sein Falsifikationsprinzip auch kontroverse inhaltliche Positionen zu den sprachphilosophischen Kreisbewegungen ein. Kein singulärer Satz, kein Beobachtungs- oder Basissatz könne die Wahrheit einer Theorie bestätigen. „Es gibt keine reinen Beobachtungen: sie sind von Theorien durchsetzt" (Popper, 1984, S. 76; Original: 1934). Paul Feyerabend übernimmt in seiner Dissertation die Formulierung vom Basissatz und auch sonst scheint er mit der Popperschen Sicht auf die Logik der Forschung zu sympathisieren. Basissätze, so Feyerabend, unterscheiden sich nicht von anderen Sätzen der Wissenschaft. Sie seien weder sicherer, noch weniger sicher als diese. Auch abweichende Beobachtungen könnten einen Basissatz nicht widerlegen. Dazu bedürfe es einer anderen Theorie, „[…] die dem fraglichen Satz seine Bedeutung verleiht" (Feyerabend, 1951, S. 84). Die Skepsis gegenüber Basissätzen und die Relevanz alternativer Theorien wird auch in Feyerabends späteren Arbeiten immer wieder aufleuchten.

Nach dem erfolgreichen Abschluss seiner Dissertation bewarb er sich – wie erwähnt – beim British Council für ein Stipendium, um in England seine Studien fortzusetzen. Da Wittgenstein bereits verstorben war, ging Feyerabend zu Popper an die London School of Economics and Political Science.

Zuvor hatte er sich nicht nur als junger Wissenschaftler einen Namen gemacht, sondern auch das kulturelle Leben in Wien genossen. Ab 1947/1948 nahm er wieder Gesangsstunden, sang später Partien aus Stücken von Verdi, Puccini und Bizet und soll eine ausgezeichnete Tenorstimme gehabt haben. Er besuchte Theateraufführungen, ging ins Kino und liebte die Frauen. Bereits bei seinem ersten Aufenthalt in Alpbach im August 1948 lernte Paul Feyerabend seine erste Ehefrau Edeltrud (Jaqueline) kennen. Sie heiraten im selben Jahr und ließen sich bald wieder scheiden. Viermal wird Feyerabend in seinem Leben heiraten; 1989 dann seine große Liebe, Grazia Borrini.

1.3 London, Wien, wissenschaftliche Perspektiven und eine Liebe in Bristol

Im Herbst 1952 wechselte Feyerabend für ein Forschungsjahr nach London. Er hörte Vorlesungen bei Popper und besuchte dessen Seminare. Er traf Elisabeth Anscombe wieder, die er im „Kraft-Kreis" kennengelernt hatte. Joseph (Joske) Agassi, 1927 in Jerusalem geboren und 2023 verstorben, später als Professor für Philosophie u. a. in Tel Aviv, Hongkong und Boston tätig, wurde, wie Feyerabend schreibt (1995a, S. 131), „fast" sein Freund. Agassi war ein überzeugter Popperianer und drängte auch Feyerabend, sich offener für Poppersche Ideen stark zu machen. Feyerabend weigerte sich, den Falsifikationismus wie ein Sakrament zu behandeln und rezensierte lieber die „Philosophischen Untersuchungen" von Wittgenstein, ging ins Theater und setzte seine Gesangsstunden fort.

Im Sommer 1953 lief Feyerabends Stipendium für den Aufenthalt an der London School of Economics aus. Popper beantragte eine Verlängerung, bekam aber eine Absage, sodass Feyerabend im Sommer 1953 nach Wien zurückkehrte. Auf der Suche nach Arbeit und Lohn schrieb er dort u. a. mehrere Artikel und Rezensionen (z. B. Feyerabend, 1954), einen Bericht über das wissenschaftliche Leben im Nachkriegsösterreich (Feyerabend, 1955b) und übersetzte Poppers „The Open Society and its Enemies" ins Deutsche (Popper, 2003; Original: 1945).

Von 1953 bis 1954 übernahm Feyerabend eine Assistentenstelle bei Arthur Pap (1921–1959), der auf Empfehlung von Viktor Kraft für ein akademisches Jahr als Fulbright-Dozent an die Wiener Universität gekommen war. Pap wurde in der Schweiz geboren und studierte zunächst Philosophie und Literatur an der Universität Zürich. Zu Beginn des Zweiten Weltkrieges floh er mit seiner jüdischen Familie in die USA. Dort setzte er sein Philosophiestudium an der Yale Universität sowie der Columbia Universität fort und promovierte 1945 bei Ernst Cassirer und Ernest Nagel zu erkenntnistheoretischen Problemen in der Physik. In Wien hielt Pap Vorlesungen zur Analytischen Erkenntnistheorie, die er später mithilfe Feyerabends auch als Buch veröffentlichte (Pap, 1955).

Feyerabend war also gut beschäftigt, bekam auch hin und wieder Honorare für seine Aufsätze und er sang wieder. Zwischendurch „[…] besuchte (er) einige Damen der Gesellschaft, wenn ihre Ehemänner nicht zu Hause waren" (Feyerabend, 1995a, S. 137).

Als Popper ihm 1954 mitteilte, er habe die finanziellen Mittel bewilligt bekommen, um Feyerabend eine Assistentenstelle in London anbieten zu können, sagte Feyerabend ab. Er tat es in einem Brief an Popper vom Oktober 1954 auch mit dem Hinweis auf seine momentane Gesangsausbildung und die Möglichkeit, am

Wiener Konzerthaus eine Solopartie in dem Opernfragment „Manuel Venegas" von Hugo Wolf übernehmen zu können (Kuby, 2010b, S. 184).

Das Interesse an der Philosophie indes blieb. In dem 1954 publizierten Artikel mit dem Titel „Physik und Ontologie" wird – vielleicht zum ersten Mal in dieser Ausführlichkeit – Feyerabends Interesse an Themen der griechischen Antike deutlich. Die antiken Dichter und Philosophen werden ihn bis zu seinem Lebensende begleiten. Auch der Kritische Rationalismus im Allgemeinen und der Falsifikationismus im Besonderen werden ihn nicht loslassen.

Er bewarb sich bald mit Referenzen von Popper, Maurice Pryce und Erwin Schrödinger auf verschiedene Stellen in Australien, Oxford und in Bristol. An der Universität von Bristol wurde er angenommen und erhielt eine auf drei Jahre befristete Stelle als Dozent für Wissenschaftsphilosophie. „Damit begann das, was als meine akademische Karriere bekannt ist" (Feyerabend, 1995a, S. 137). Er las Werke von und über Kant oder über die Quantenmechanik sowie deren mathematische Fundierung, auch Krimis, und manch anderes. Er schrieb Rezensionen, wissenschaftliche Artikel, zum Beispiel zur Quantentheorie der Messung (Feyerabend, 1957a), über die Analytische Philosophie (Feyerabend, 1957b) oder über die realistische Interpretation von Erfahrungen. Im Beitrag „An attempt at a realistic interpretation of experience", übt er Kritik am Wiener Kreis und am Positivismus, noch ganz im Geiste Poppers: „[…] the interpretation of an observation-language is determined by the theories which we use to explain what we observe, and it changes as soon as those theories change" (1957c, S. 163)[3]. Die Verhältnisse zwischen Empirie, wissenschaftlicher Theorie und deren Begründung, jene Themen, die bereits in seiner Dissertation im Mittelpunkt standen, ließen ihn also nicht los.

Im April 1957 lernte Feyerabend auch die Philosophen und Physiker Philipp Frank und David Bohm kennen und schätzen. Frank machte Feyerabend u. a. am Beispiel von Galileis Trägheitsgesetz darauf aufmerksam, dass Theorien nicht selten im Widerspruch zu rationalen Regeln entwickelt werden. David Bohm hat vielleicht einen noch größeren Einfluss auf Feyerabend ausgeübt. Es mag Bohms alternative Sicht auf die Quantenmechanik gewesen sein sowie die ablehnenden Reaktionen, mit denen die etablierte Gemeinschaft der Quantenphysiker alternative Ansätze, einschließlich des Bohmschen, dogmatisch zurückwies, was Feyerabend aufmerksam werden ließ. Das Bohmsche Argument, alternative

---

[3] … die Interpretation einer Beobachtungssprache wird durch die Theorien bestimmt, die wir verwenden, um zu erklären, was wir beobachten, und sie ändert sich, sobald sich diese Theorien ändern.

Theorien, wie auch immer sie zunächst beschaffen sind, nie auszuschließen, hinterließen letztlich ihre Spuren in den pluralistischen Auffassungen des späten Paul Feyerabend.

Anregungen gab es also genug in Bristol. Und doch schien sich Feyerabend zu langweilen. Da halfen offenbar auch die Theaterbesuche im Bristol Old Viv nicht viel. Seine Kriegsverletzungen meldeten sich ebenfalls zurück. Er nahm Schmerzmittel in hohen Dosen.

Und dann lernte er seine zweite Frau kennen. Mary O'Neill war eine seiner Studentinnen. Indes die Liebe und die Ehe hielten nicht lange an. „Nachdem ich drei Jahre in Bristol verbracht hatte, lud man mich 1958 ein, ein Jahr an der University of California in Berkeley zu verbringen. Die Einladung kam gerade zur rechten Zeit. Mary hatte mich verlassen" (1995a, S. 150).

1.4   Jahre in Berkeley und anderswo

> „Amerika war das erste Land, das mir eine vage Vorstellung von dem gab, was eine
> Kultur sein könnte. Und mit amerikanischer Kultur meine ich nicht Thoreau, Dewey,
> James, Stevens oder Henry Miller, sondern Varieté, Musicals, Ringkampf, Seifen-
> opern: kurz Shows und Boulevard. (Später kam in meinen Augen die kulturelle und
> rassische Vielfalt hinzu; einer der Gründe, weshalb ich nicht nach Europa zurück-
> kehrte, war die Einfarbigkeit der Europäer.)" (Feyerabend, 1995a, S. 153).

Paul Feyerabend kam im September 1958 nach Berkeley. Die Einladung war zunächst auf ein Jahr begrenzt. Danach bot ihm die University of California in Berkeley eine Festanstellung an. 1960 nahm er diese Stelle an und lehnte dafür ein Stipendium sowie eine Stelle am Minnesota Center for the Philosophy of Science ab. Das Minnesota Center, das von Herbert Feigl, den er schon in Wien kennengelernt hatte, 1953 gegründet wurde, hatte Feyerabend bereits vorher – während eines Freisemesters – kennen- und schätzen gelernt. Auch später wird er regelmäßig dort zu Gast sein und mit Feigl, Grover Maxwell, Paul Meehl und manch anderen diskutieren (Hoyningen-Huene, 1997).

Der Philosoph und Wissenschaftstheoretiker Thomas Kuhn (1922–1996) lehrte seit 1956 ebenfalls in Berkeley. Als Feyerabend dort ankam, arbeitete Kuhn gerade an seinem großen Werk „Die Struktur wissenschaftlicher Revolutionen" (1967; Original: 1962). Wie Paul Hoyningen-Huene (2002, S. 62 f.) schreibt, habe sich Feyerabend zu dieser Zeit in wissenschaftlichen Kreisen bereits einen Namen als kenntnisreicher Philosoph der Physik gemacht. Kuhn hingegen sei nur im engen Kreis der Wissenschaftshistoriker bekannt gewesen. Dass Kuhn im Verlaufe der 1960er Jahre auch als Philosoph Rang und Namen bekam, habe auch

an Feyerabend gelegen. In Berkeley und auch später noch haben Feyerabend und
Kuhn nicht nur heftig miteinander gestritten, sondern sich wohl auch gegenseitig
inspiriert. Mehr oder weniger einig waren beide in ihren Vorbehalten gegenüber
dem logischen Empirismus. Den von Kuhn eingeführten Begriff der *Normalwissenschaft* lehnte Feyerabend indes lange ab. „Der Grund für die Abneigung gegen
Kuhns normale Wissenschaft ist deren dogmatisches oder quasi-dogmatisches
Moment, das Kuhn selbst explizit herausstellt" (Hoyningen-Huene, 2002, S. 71).
Für Feyerabend, der Anfang der 1960er Jahre noch stark unter dem Einfluss des
Kritischen Rationalismus im Sinne Poppers stand, war ein solcher Dogmatismus
einerseits ein Greuel, weil damit der kritische Umgang mit alternativen Theorien
unterdrückt werde. Andererseits dürften ihm mit seiner „[…] fast instinktive(n)
Aversion gegen Gruppendenken" (Feyerabend, 1995a, S. 101) die dogmatischen
oder quasi-dogmatischen Strukturen in der Scientific Community nicht unbekannt
sein. Nicht immer einig waren sich Feyerabend und Kuhn auch über den Begriff
der *Inkommensurabilität*. Kuhn führte ihn 1962 in „Die Struktur wissenschaftlicher Revolutionen" ein; Feyerabend nutzt den Begriff erstmals ebenfalls 1962
(Feyerabend, 1962). Ohne auf die Differenzen zwischen den Auffassungen der
beiden Protagonisten ausführlich einzugehen, lässt sich vielleicht so viel sagen:
Wissenschaftliche Theorien, die einander ablösen bzw. konkurrieren, arbeiten in
der Regel nicht mit den gleichen Begriffen und sind deshalb nicht vergleich-
bar. Kein Begriff der einen Theorie lasse sich in die Begriffe der anderen Theorie
übersetzen. Nach Feyerabend sei *Inkommensurabilität* von konkurrierenden Theorien zwar ein seltener Fall und komme eigentlich nur dann vor, wenn es sich um
umfassende konkurrierende Theorien handele, etwa die Quantenmechanik und die
klassische Mechanik oder die Relativitätstheorie und die klassische Physik. Kuhns
Begriff hingegen besitzt einen größeren Anwendungsbereich (Hoyningen-Huene,
2002, S. 67).

Relativ einig dürften sich Feyerabend und Kuhn im Hinblick darauf gewesen sein, dass eine wissenschaftliche Theorie nur durch alternative Theorien
und nicht durch empirische Beobachtungen widerlegt werden kann. Die Wissenschaftsgeschichte hielten sie beide ebenfalls für wichtig. Paul Feyerabend hat in
seinen Arbeiten immer wieder auf wissenschaftlich interessante sowie mehr oder
weniger relevante historische Quellen und Fallstudien zurückgegriffen, um Kritik
an wissenschaftstheoretischen Vorstellungen, Vorgaben und Regeln zu üben. So
beschäftigte er sich u. a. mit den Vorsokratikern, den Sophisten, mit Aristoteles
oder Platon und den griechischen Mythen. Galileis Methoden und Argumentationen hatten es ihm besonders angetan, worauf noch ausführlicher hinzuweisen
ist. Und Thomas Kuhn beschreibt die Entwicklung von Wissenschaft geradezu

als historischen Prozess, in dem sich vorparadigmatische Wissenschaft, Normalwissenschaft und wissenschaftliche Revolutionen einander abwechseln. Für Alexander Bird (2008, S. 76) haben Thomas Kuhn und Paul Feyerabend in diesem Sinne ganz wesentlichen Anteil am sogenannten „Historical Turn in the Philosophy of Science", an der Wende zu einer historischen Analyse und Betrachtung der Wissenschaftsphilosophie.

Es waren also keine langweiligen Zeiten, die Paul Feyerabend in den 1960er Jahren in Berkeley verbracht hat. Er hielt Vorlesungen über Wissenschaftsphilosophie, gab Seminare, ging ins Kino, besuchte Theater und Opernaufführungen, nahm seine Gesangsausbildung wieder auf, entdeckte seine Vorliebe für Wrestling-Shows, heiratete ein drittes Mal und ließ sich wieder scheiden.

Die zwei Seelen, die scheinbar in seiner Brust wohnten, die Wissenschaftsphilosophie und der Gesang bzw. das Theaterspielen, entpuppten sich bald als eng zusammengehörig. So vergleicht er beispielsweise die Wissenschaften und die Künste, um die zunehmende Abgrenzung, Spezialisierung und Autonomie gesellschaftlicher Bereiche zu kritisieren (Feyerabend, 1967a) oder analysiert das „Theater des Absurden" von Eugène Ionesco, um zu zeigen, dass die Grenzen zwischen Kunst und Wissenschaft fließend sein können und dass beide Gesellschaftsbereiche (ideologie-)kritisch sein müssen (Feyerabend, 1967b). Auf das Verhältnis von Kunst als Wissenschaft wird er später noch ausführlicher eingehen und nach einer historischen Analyse feststellen, dass Wissenschaften Künste sind, so, wie Künste Wissenschaft sein sollten (1984a, S. 78).

Ende der 1960er Jahre war Feyerabend, wie er schreibt, „[…] noch ein hoch gehandelter Markenartikel" (1995a, S. 173). Er erhielt Lehrstuhlangebote aus London, Berlin, Yale und aus Auckland. Die ersten drei Rufe nahm er an. Als es ihm zu kalt auf der Nordhalbkugel war, verbrachte er dann doch zwischen 1972 und 1974 einige Wintersemester in Auckland, Neuseeland. Das Georgia Institute of Technology in Atlanta bot ihm ebenfalls eine Stelle an. Aber auch da war es ihm zu kalt. Er bekam Heimweh nach Kalifornien und nahm bald seine Stelle in Berkeley, die er zunächst gekündigt hatte, wieder an und pendelte nun zwischen London, Berlin, Yale und Berkeley. Das kam seiner Hyperaktivität, wie soll man es anders nennen, sicher sehr entgegen.

An der London School of Economics lernte Feyerabend den Mathematiker, Physiker und Wissenschaftstheoretiker Imre Lakatos (1922–1974) kennen. „Imre und ich schrieben uns ständig Briefe, wo wir uns über unsere Affären, über Ärger und Sorgen und die neuesten Idiotien unserer lieben Kollegen ausließen. Wir unterschieden uns im Charakter, in unserer Weltanschauung und in unseren Zielen, aber wir wurden wirklich gute Freunde. Ich war erschüttert und ziemlich verärgert, als ich von seinem Tod erfuhr" (1995a, S. 178).

Imre Lakatos starb am 2. Februar 1974 im Alter von 52 Jahren. In einem
Nachruf würdigt ihn Feyerabend als faszinierende Persönlichkeit, herausragenden
Denker und besten Wissenschaftsphilosoph unseres seltsamen und unbequemen
Jahrhunderts (Feyerabend, 1975a, S. 1). Bei aller Differenz, etwa im Hinblick
auf die Existenz wissenschaftlicher Forschungsprogramme und deren Funktion,
waren Feyerabend und Lakatos in vielen Dingen einer Meinung, zum Beispiel
über die Grenzen des naiven Falsifikationismus im Sinne Poppers oder über die
Notwendigkeit, die Wissenschaftsgeschichte zu studieren, um zu erfahren, wie
sich (nach Lakatos) Forschungsprogramme entwickeln bzw. (nach Feyerabend)
ob scheinbare Abweichungen von etablierten Theorien nicht eher auf alternative Erklärungen verweisen. Nicht zuletzt dürften sich Lakatos und Feyerabend
auch deshalb geschätzt haben, weil beide über die zunehmende Irrationalität und
Ungerechtigkeit in dieser Welt besorgt waren (Feyerabend, 1975a, S. 2).

In Berkeley und Berlin erlebte Feyerabend die politischen Studentenunruhen der 1960er Jahre, die Bürgerrechtsbewegungen und die Demonstrationen
gegen den Vietnamkrieg. In diesen Zeiten besprach Feyerabend in seinen Lehrveranstaltungen – nach eigenen Angaben (1995a, S. 167 ff.) – Arbeiten von
Daniel Cohn-Bendit, Mao Tse-tung und Wladimir Iljitsch Lenin, diskutierte –
in Berkeley – mit revolutionsbewegten People of Color über die Konflikte
zwischen Weißen und Schwarzen und lud vietnamesische Studierende in seine
Veranstaltungen ein, damit sie über ihr Land und den Widerstand gegen die
US-amerikanische Invasion reden konnten.

Wenn er nicht gerade in London, Berlin, Yale oder Berkeley war, hielt er
Vorträge auf Konferenzen in Salzburg, in Bellagio, Chicago, in Alpbach und
anderswo. Dazwischen brach er sich ein Bein, kämpfte mit einem Gallenstein,
hatte manche Affäre, Liebeskummer und begann allmählich mit einer wissenschaftlichen Wende, sozusagen hin zum Feyerabend II, zu einem Feyerabend, der
sich von Popper und dem Kritischen Rationalismus abnabelte. In einem Brief an
seinen Freund, den Wissenschaftstheoretiker und Kritischen Rationalisten, Hans
Albert schreibt Feyerabend im Dezember 1967 aus London: „Es gibt hier in
London einige kritische Rationalisten, deren ganzes Leben im Aufstellen und
Widerlegen von Hypothesen besteht […]. Dem entgegenzuarbeiten gebe ich nun
an der London School of Economics, in der Mitte von Popperland Vorlesungen
über die *Geschichte* der Wissenschaften, wo ich zeige, wie wenig das Poppersche
Modell den Tatsachen der Geschichte entspricht […], und wie uninteressant die
Geschichte wird, wenn man sie nach den Vorschriften des Modells umarbeiten
wollte […]. *Macht was ihr wo*llt – rufe ich den Studenten zu – *alles ist legi-
tim*, was Euch Freude macht und andere nicht kränkt …" (Feyerabend, Brief an
Hans Albert, Baum, 1997, S. 53; Hervorh. im Original). Da gibt er sich schon

zu erkennen, der Feyerabend, der bald gegen den Methodendogmatismus wettern wird.

1970 veröffentlichte Feyerabend einen Beitrag mit dem Titel „Against Method: Outline of an Anarchistic Theory of Knowledge" (Feyerabend, 1970). In den Schlussfolgerungen schreibt er u. a.: Die Vorstellung, dass die Wissenschaft nach festen (rationalen) Regeln betrieben werden sollte, sei unrealistisch und bösartig. Unrealistisch sei die Vorstellung, weil sie sich eine zu einfache Sicht auf die Menschen und ihre Umstände mache und bösartig deshalb, weil damit die Menschen in ihren Möglichkeiten und in ihrer Menschlichkeit eingeschränkt werden (1970, S. 91). Daniel Kuby (2010b, S. 180) beruft sich auf Clifford Hooker (1972) und stellt fest, diese Arbeit von Feyerabend aus dem Jahre 1970 enthalte bereits die wichtigsten Bestandteile, die fünf Jahre später in „Against Method" (Feyerabend, 1975b) ausgeführt und den Aufruhr der Kritiker hervorrufen werden: die „anarchistische Erkenntnistheorie", das Motto „Anything goes", die Lenin- und Mao-Zitate und die unorthodoxe Galilei-Interpretation.

Anfang der 1970er Jahre hatte Paul Feyerabend den Plan gefasst, dieses Buch mit Imre Lakatos zu veröffentlichen, in dem beide über das Für und Wider rationaler Wissenschaftsmethoden debattieren wollten. Daraus wurde nichts. Lakatos starb zu früh und Feyerabend schrieb 1975 „Against Method" allein.

1974, im Todesjahr von Imre Lakatos übernahm Feyerabend für zwei Semester eine Gastdozentur in Brighton und drei Jahre später eine Gastprofessur in Kassel. Dort las er an der Gesamthochschule zwei Semester Wissenschaftstheorie. Am 15. November 1977 schreibt er an seinen Freund Hans Peter Duerr: „[…] ich habe jetzt einen Zweijahresplan: zwei Jahre noch philosophischer Schmarrn (>Verpflichtungen<) und dann *aus* und zwar Wechsel ins Theater" (Feyerabend, 1995b, S. 51; Hervorh. im Original).

Doch es kam anders. Erich Jantsch, den Feyerabend aus den Studienzeiten in Wien kannte, erzählte ihm, dass man an der Eidgenössischen Technischen Hochschule in Zürich einen Wissenschaftstheoretiker suche. Feyerabend bewarb sich und bekam nach einigen Verzögerungen 1980 diese Stelle. „Nun begannen zehn wundervolle Jahre, die ich teils in Berkeley, teils in der Schweiz verbrachte" (1995a, S. 214). In den Wintersemestern war Feyerabend in Berkeley, während der Sommersemester in Zürich. Dort lernte er Paul Hoyningen-Huene kennen, der ihm ein enger Freund wurde und sich bis heute engagiert mit den Arbeiten von Feyerabend beschäftigt. In Zürich hielt Feyerabend Vorlesungen über Platons Theaetetus und Timaios sowie über Aristoteles und dessen Physik. Handschriftliche Notizen und Unterlagen Feyerabends, die teils in den Archiven der Universität Konstanz aufbewahrt werden, legen nahe, dass er sich gründlich auf diese Vorlesungen vorbereitet haben muss (Archiv Universität Konstanz). Seine

Seminare öffnete er für ein allgemeines Publikum; er lud Anhänger von Rudolf
Steiner ein, bat Friedrich Dürrenmatt, einen Vortrag zu halten und organisierte
Paneldiskussionen, die sich mit „Grenzproblemen der Wissenschaften" beschäf-
tigten, darunter auch ein Seminar zur Parapsychologie (Feyerabend, 1984b). Und
er pendelte zwischen Zürich und Berkeley, wo er schließlich sein großes Glück
fand. Hier in Berkeley lernte 1983 Grazia Borrini kennen und lieben. Sie heira-
teten im Januar 1989. Ein Jahr später wurde er in Berkeley emeritiert und 1991
ließ er sich in Zürich in den Ruhestand schicken.

Grazia Borrini-Feyerabend wurde 1952 in Italien geboren. Sie studierte in
Berkeley und Florenz Public Health und Physik und arbeitete lange Jahre in
Beratungs- und Verwaltungsgremien, um den Naturschutz im internationa-
len Maßstab zu fördern. 2008 gehörte sie zu den Mitbegründer*innen des
ICCA-Konsortiums (International Congress and Convention Association,
eine gemeinnützige Organisation, die sich als Drehscheibe der internatio-
nalen Tagungsbranche versteht). Heute leitet sie die *Paul K. Feyerabend
Foundation,* die sich zum Ziel gesetzt hat, Projekte, Organisationen und
Einzelpersonen zu unterstützen, die sich für Solidarität mit Gemeinschaften
in Not einzusetzen (https://www.pkfeyerabend.org/en/).

„Ich wollte keine Aufsätze mehr schreiben, ein kurzes Buch beenden, hin und
wieder Vorträge halten und das Honorar für Reisen mit Grazia verwenden. Ich
dachte, ich könnte jetzt lesen, in den Wäldern spazieren gehen und mich um
meine Frau kümmern. Aber es ist nicht so gekommen" (Feyerabend, 1995a,
S. 241).

Paul K. Feyerabend starb am 11. Februar 1994 im Alter von 70 Jahren in der
Schweiz an einem Hirntumor. Seine letzte Ruhestätte fand er in einem Ehrengrab
auf dem Wiener Südwestfriedhof.

Auch wenn er meint, ein großer Teil seines Lebens sei leider nutzloses Herumlungern und Warten gewesen (Feyerabend, 1992, S. 181), war Paul Feyerabend ein fleißiger Leser, witziger Erzähler und geistvoller sowie produktiver Autor. Eric Oberheim hat sich die Mühe gemacht, mithilfe von Gracia Borrini Feyerabend eine bis 1997 reichende Übersicht der Feyerabendschen Publikationen zusammenzustellen (Oberheim, 1997). Ich beschränke mich in den folgenden Kapiteln auf vier Bücher, die für mich den Schlüssel darstellen, um Feyerabends Werk zu verstehen. Dort, wo es passt, werden Bezüge auch zu anderen Publikationen von Paul Feyerabend hergestellt – frei nach dem Motto „Irgendwie geht das schon".

2.1 Wider den Methodenzwang

„So, mein nächstes Buch ist eine Ode an die Absurdität" (Paul Feyerabend 1974 in einem Brief an Hans Peter Duerr; Feyerabend, 1995b, S. 25).

1975 veröffentlichte Feyerabend sein Buch „Against Method"; 1976 erschien es in deutscher Sprache unter dem Titel „Wider den Methodenzwang".[1] Es ist, wie er schreibt, eine Collage aus Beschreibungen, Analysen und Argumenten, die er

---

[1] Feyerabend hat das englische Original sowie die deutschen Übersetzungen aus den Jahren 1976 und 1983 mehrfach überarbeitet, sodass heute zumindest sechs Fassungen von „Wider den Methodenzwang" und zahlreiche Übersetzungen in andere Sprachen vorliegen, so z. B. ins Chinesische, Französische, Italienische, Japanische, Niederländische, Spanische und Türkische (vgl. auch Oberheim, 1997). Ich stütze mich auf die deutsche Ausgabe von 1986, die mit der aus dem Jahre 1983 identisch ist.

zum Teil bereits in früheren Arbeiten geäußert und vertreten habe (Feyerabend, 1995a, S. 189). Mit diesem Buch etablierte sich Feyerabend als ungestümer Kritiker des Rationalismus, als exzellenter Kenner der Wissenschaftsgeschichte und als Rebell, dem jegliche Beweihräucherung von Wissenschaft zuwider ist. In dem Buch findet sich jener Slogan, der seitdem unzertrennlich mit Feyerabends Auffassungen verbunden zu sein scheint: „Anything Goes" (Feyerabend 1986, S. 32). Je nach Gustus, Sympathie für Paul Feyerabend oder ideologischer Orientierung kann man den Slogan als „Mach, was Du willst", „Alles ist erlaubt" oder „Irgendetwas geht immer" übersetzen. Für die Kritikerinnen und Kritiker ist „Anything goes" das anarchistische Prinzip, das aus Sicht Feyerabends jeglichen wissenschaftlichen Tuns und einer demokratischen Verfasstheit von Gesellschaft zugrunde liegen sollte. Feyerabend selbst vermutet, dass die meisten Kritiker mit ihrer Lektüre des Buches offenbar gleich nach dem ersten Auftreten von „Anything goes" Schluss gemacht haben. Die nachfolgenden Fallstudien waren ihnen „[…] entweder zu schwer oder zu detailliert, oder sie hielten, die Leere ihres Kopfes sich zum Vorbild nehmend, das leere und unerklärte Prinzip bereits für die Sache selber" (Feyerabend 1986, S. 383). Bei den besagten Fallstudien handelt es sich vor allem um historische Beispiele, wie etwa die wissenschaftlichen Bemühungen Galileo Galileis das Kopernikanische Weltbild gegen das Ptolemäische zu verteidigen.

Bekanntlich ruht im geozentrischen Weltbild, das von den Griechen entwickelt und von Claudius Ptolemäus (ca. 100 – ca. 170 n. Chr.) in seiner Vollständigkeit ausgearbeitet wurde, die Erde im Mittelpunkt der Welt und bewegt sich nicht. Um die Erde bewegen sich die (damals bekannten) Planeten, die Sonne und der Mond. Dem bereitete Nikolaus Kopernikus (1473–1543) ein Ende und begründete mit dem heliozentrischen Modell einen neuen Anfang, der auch als Kopernikanische Wende bekannt ist: a) Die Erde bewege sich um die eigene Achse und umkreise b), wie die anderen Planeten auch, die Sonne. Gegen beide Annahmen liefen die Anhänger des Ptolemäischen Weltbildes, Feyerabend nennt sie Aristoteliker, Sturm. Paul Feyerabend illustriert das am Beispiel von Annahme a). Die Aristoteliker benutzten, um diese Annahme zurückzuweisen, das sogenannte Turmargument: Bei einer täglichen Umdrehung würde ein Turm, von dessen Spitze ein Stein fallen gelassen wird, von der Erdumdrehung mitgenommen. Während der Zeit, die der Stein in seinem Fallen braucht, würde der Turm mit der Erdumdrehung mitwandern und der Stein fiele demgemäß viele hundert Meter vom Turm entfernt auf die Erde (Feyerabend, 1986, S. 90 f.). Tatsächlich fällt der Stein aber senkrecht herab. Also kann sich die Erde gar nicht bewegt haben. Damit schien die Kopernikanische Auffassung von der Erdbewegung widerlegt.

Galilei, so Feyerabend weiter, gebe zwar zu, dass der sinnliche Gehalt der Beob-
achtung zutreffe, man also den Stein senkrecht fallen sehe, und doch habe er
versucht, das Turmargument zu entkräften.

Galilei arbeite dabei mit „Vernunftsgründen" und mit einem „psychologischen
Trick" (Feyerabend, 1986, S. 105). Zu den Vernunftsgründen gehöre Galileis Auf-
forderung, dass das, was man sehe, in einem neuen Licht zu sehen und in einer
neuen Sprache zu beschreiben sei. In dieser Sprache tauche, neben dem Prinzip der Trägheit auch jener Aspekt auf, den man heute als Relativitätsprinzip
kennt. Geht man, wie es Galilei tut, von der Trägheitsannahme aus, dass sich
die Erde (und auch der Turm als Beobachtungsstandort) wie der fallende Stein
gemeinsam ostwärts bewegen, dann werde durch die Mitbewegung des Beob-
achtungsstandorts der Fall des Steins als gerade Linie wahrgenommen. Das von
Galilei beschriebene Relativitätsprinzip besage, „[…] dass unsere Sinne nur rela-
tive Bewegungen wahrnehmen und blind sind gegenüber Bewegungen, an denen
die Gegenstände in gleichem Maße teilnehmen" (1986, S. 115). So kann eben ein
Beobachter auf dem Turm den fallenden Stein wahrnehmen, aber nicht sogleich
auch die Erdbewegung.

Auf jeden Fall handele es sich, so Feyerabend, um spekulative ad-hoc-
Hypothesen, die von Galilei eingeführt, kaum oder gar nicht der sinnlichen
Wahrnehmung entsprechen und mit einem gehörigen Maß an Überredungs-
kunst vorgetragen werden. Einschlägige Argumente für die Einführung dieser
ad-hoc-Hypothesen liefere Galilei nicht, sondern verweise darauf, „[…] was jeder
angeblich schon weiß" (1986, S. 117). Das ist der psychologische Trick, der kaum
mit den Prinzipien des Kritischen Rationalismus zu erklären sei. Galilei habe
Erfolg gehabt, weil er in seinem wissenschaftlichen Vorgehen wichtige Regeln
(oder Prinzipien) der wissenschaftlichen Methode, die von Aristoteles erfunden
und später von den logischen Positivisten (etwa Carnap und Popper) kanonisiert
wurden, verletzte (ebd., S. 169).

Für Feyerabend ist die Arbeitsweise Galileis, die an weiteren Beispielen –
etwa seinen Mondbeobachtungen – exemplifiziert wird, quasi das Paradigma, wie
Erkenntnis funktioniert. „Der Fall von Galileis Mondbeobachtungen ist nur ein
kleiner Teil meines Arguments, dass Galilei nicht »wissenschaftlich« vorging und
seine Entdeckungen nicht »auf wissenschaftliche Art« gemacht haben konnte"
(1986, S. 183).

Das Fazit, das Feyerabend aus den Fallstudien abzuleiten versucht, lässt sich
vielleicht so zusammenfassen, um noch einmal auf „Anything goes" zurückzu-
kommen: „Es ist also klar, dass der Gedanke einer festgelegten Methode oder
einer feststehenden Theorie der Vernünftigkeit auf einer allzu naiven Anschauung
vom Menschen und seinen sozialen Verhältnissen beruht. Wer sich dem reichen,

von der Geschichte gelieferten Material zuwendet und es nicht darauf abgesehen hat, es zu verdünnen, um seine niedrigen Instinkte zu befriedigen, nämlich die Sucht nach geistiger Sicherheit in Form von Klarheit, Präzision, »Objektivität«, »Wahrheit«, der wird einsehen, dass es nur *einen* Grundsatz gibt, der sich unter *allen* Umständen und in *allen* Stadien der menschlichen Entwicklung vertreten lässt. Es ist der Grundsatz: *Anything goes*" (1986, S. 31 f.; Hervorh. im Original).

Mit „Anything goes" will Feyerabend, wie er andernorts vermerkt, kein neues *Prinzip* einführen. Es sei vielmehr „[…] eine etwas scherzhafte Darstellung der Situation des Rationalisten: er will allgemeine Prinzipien haben, muß sie aber angesichts des von mir gebotenen Materials mehr und mehr allen Inhalts entleeren.»Anything goes« ist alles, was übrigbleibt" (Feyerabend, 1980, S. 101).

Ob er damit tatsächlich eine „anarchistische" oder „dadaistische Erkenntnistheorie" (Feyerabend, 1977) einzuführen gedachte, oder ob auch dies eher ein scherzhaftes Wort ist, um die Praxis wissenschaftlichen Tuns zu beschreiben, sei einmal dahingestellt.[2] Zumindest sympathisiert Feyerabend mit einem „erkenntnistheoretischen Anarchismus", den er vom politischen und religiösen Anarchismus abgrenzen möchte. Der erkenntnistheoretische Anarchist sei – im Gegensatz zum politischen und religiösen – kein Skeptiker, sondern scheue sich nicht, „[…] die trivialste oder die empörendste Aussage zu verteidigen […] denn für ihn gibt es keine ewige Treue und keine ewige Abneigung gegen irgendeine Institution oder Ideologie […]. Keine Anschauung ist so »absurd« oder »unmoralisch«, dass er nicht bereit wäre, sie in Erwägung zu ziehen oder nach ihr zu handeln, und keine Methode gilt ihm als unentbehrlich. Das einzige, wogegen er sich eindeutig und bedingungslos wendet, sind allgemeine Grundsätze, allgemeine Gesetze, allgemeine Ideen wie »die Wahrheit«, »die Gerechtigkeit«, »die Liebe« und das von ihnen hervorgerufene Verhalten, wenn er auch nicht bestreitet, dass es oft taktisch richtig ist, so zu handeln, als gäbe es derartige Gesetze (Grundsätze, Ideen) und als glaube er an sie" (1986, S. 249 f.).

Dass sich an einer solchen Auffassung viele Kritikerinnen und Kritiker Feyerabends abgearbeitet haben, lässt sich denken und soll auch noch Erwähnung finden. Zuvor sei aber noch auf einen anderen Aspekt hingewiesen, auf Feyerabends Andeutungen, dass ihm manche Erscheinungen eines politischen

---

[2] Paul Feyerabend erzählt an verschiedenen Stellen von einem Treffen mit Carl Friedrich von Weizsäcker in Hamburg. Es hat wohl im Jahre 1965 stattgefunden (Feyerabend, 1980, S. 231). In der Diskussion mit Weizsäcker sei ihm, Feyerabend, klar geworden, dass allgemeine methodologische Gründe die konkrete Forschung nur behindern, statt sie zu fördern. „Professor von Weizsäcker", so Feyerabend später, „ist also in großem Ausmaß für meinen Übergang zum ›Anarchismus‹ verantwortlich – aber er war durchaus nicht froh, als ich ihm das im Jahre 1977 mitteilte" (Feyerabend, 1980, S. 231).

Anarchismus doch gar nicht so unsympathisch gewesen sein könnten. „Wider den Methodenzwang" entstand in den Zeiten der studentischen Unruhen in den USA und Europa. Daniel Cohn-Bendit, der theoretisch versierte, rhetorisch begabte und aktionsreiche Sprecher der Studentenunruhen in Frankreich, bezeichnete sich im Mai 1968 in einem SPIEGEL-Gespräch als „anarchistischen Marxisten". „Für mich", sagt Cohn-Bendit, „ist die grundlegende Analyse von Marx richtig, die Analyse der kapitalistischen Gesellschaft. Aber die Organisationsformen, die sich die kommunistische Bewegung gegeben hat, lehne ich vollkommen ab". Sie bringe keine neue Gesellschaft hervor, sondern nur autoritäre Herrschaft (Der Spiegel, 26.05.1968). Das könnte auch ein Satz von Feyerabend sein. Er kannte – wie erwähnt – Cohn-Bendit, hatte Marx, Lenin, Trotzki und Mao Tsetung gelesen und auch zitiert. Ob Feyerabend Daniel Cohn-Bendit (Danny le Rouge) in Berlin gesehen, gehört oder gar getroffen hat, ist nicht sicher, aber denkbar. Im Februar 1968 und auch im Mai desselben Jahres hielten sich beide in Westberlin auf.

Am 18. November 1968 schrieb Paul Feyerabend an Imre Lakatos u. a.: „I have finished Cohn-Bendit, and I am wholly on his side. He is against theories; so am I. He is against organisations; so am I. He is against »leaders« by they professors who »know« or generals who command; so am I. He is for joy and against sacrifice; so am I […] I now see my Against Method as aweak and stumbling prologue to what others have done much better: Cohn-Bendit, for example" (zit. n. Martin, 2019, S. 23).

Der erkenntnistheoretische Anarchist Feyerabend, der sich nicht nur für die Trennung von Staat und Kirche stark macht, sondern auch die Trennung von Staat und Wissenschaft befürwortet (Feyerabend, 1986, S. 385), sympathisierte also durchaus ein bisschen mit dem politischen Anarchismus, wehrt sich aber, wenn ihm unterstellt wird, Gewalt zu befürworten.

Mit „Against Method" hat Paul Feyerabend Aufruhr geschaffen, dort, wo sich Wissenschaftler als Wächter der einzigen Wahrheit, als Experten des Wissens, als Verfechter der reinen Methode wähnten, letztlich aber auch nur Menschen sind: laut, frech, verlogen, machtbesessen, liebend, leidend, unsicher, mutig, fröhlich und vieles mehr. Manche haben ihm diesen Spiegel, den er ihnen vorgehalten hat, übelgenommen, andere haben in seinen brillanten wissenschaftshistorischen Analysen sich selbst und ihre Nachbarn erkannt und dabei auch gesehen, dass wissenschaftliche Regeln verletzt werden müssen, wenn wir erkennen wollen. Die Idee einer festgelegten Methode und das Beharren auf einer feststehenden Theorie ist nicht nur naiv, sondern Ideologie und die Missachtung anderer Wissensquellen ein Zeichen von Borniertheit und Chauvinismus (Feyerabend, 1986, S. 392).

2.2   Fundstück: Naturphilosophie

Feyerabend schrieb „Against Method" innerhalb eines Jahres und meinte rück-
blickend, damit alles gesagt zu haben, was er jemals sagen wollte. Die scharfen
Kritiken, die der Veröffentlichung folgten, setzten ihm allerdings zu.

„Einige Zeit, nachdem sich der Entrüstungssturm erhoben hatte, verfiel ich
in Depressionen, die über ein Jahr lang anhielten. Die Niedergeschlagenheit war
wie ein Tier, räumlich abgegrenzt und lokalisierbar. Ich wurde wach, machte die
Augen auf und lauschte: ist sie da, oder ist sie nicht da? Keine Spur davon. […]
Nur noch ein kurzer Ausflug in das Badezimmer, den Pullover übergestreift, und
hinaus geht es zum morgendlichen Spaziergang. – Und da ist sie wieder, meine
anhängliche Depression…" (1995a, S. 199).

Kein Wunder, die Einwürfe seiner Kritikerinnen und Kritiker waren teils
massiv. So hält David R. Topper (1975, S. 384) Feyerabends Buch zwar für
brillant und aufschlussreich, mit seinen Schlussfolgerungen begebe sich der
Autor indes auf die Seite der antiwissenschaftlichen Gurus. Feyerabends guter
Bekannter Ernest Nagel hält ihm vor, seine Erörterungen zur Inkommensurabilität von Theorien seien nicht sehr hilfreich und seine Auffassung von
Wissen führe zu unsinnigen Schlussfolgerungen (Nagel, 1977, S. 1134). Für
Jagdish Hattiangadi ist „Against Method" ein großartiges Buch, enthalte aber
neben brillanten Einsichten viele Nebenbemerkungen, grundlose Beleidigungen,
misslungene Humorversuche und Selbstbeweihräucherungen (Hattiangadi, 1977,
S. 302). Klaus Fischer tritt der Feyerabendschen Auffassung entgegen, Galilei sei
ein methodologischer Anarchist gewesen. Vielmehr habe Galilei klare Vorstellungen von korrektem wissenschaftlichen Arbeiten und Argumentieren gehabt
(Fischer, 1992, S. 192). Marxisten warfen Feyerabend vor, er wolle die Lehre
des „Zauberns" sowie „antirevolutionistisches Wissen" in den Schulen zugäng-
lich machen (Ley, 1981, S. 379); seine „anarchistische Erkenntnistheorie" sei
nur eine „extreme Form des Positivismus", die in die „Apologie des Mythos"
und in „Lebensphilosophie" umgeschlagen sei (Gedö, 1979, S. 1468, 1472).
Eine umfassende und sehr persönliche Kritik an „Against Method" kam aus
der London School of Economics and Political Science (LSE): Ernest Gellner,
Professor für Philosophie an der LSE, stürzte sich nicht nur auf Feyerabends
Argumente, sondern nahm sich vor allem den Autor selbst zur Brust. Feyerabend sei ein Clown, dessen Clownerie hartnäckig ruppig, prahlerisch, spöttisch,
arrogant, aggressiv und selbstherrlich daherkomme. Seine Frivolität enthalte eine
ausgesprochen sadistische Ader, die sich in dem offensichtlichen Vergnügen
äußere, die „Rationalisten" zu verwirren und einzuschüchtern (Gellner, 1975,
S. 342). Helmut Spinner, ein anderer Kollege, bemühte gar einen Vergleich mit

Adolf Hitler und warf Feyerabend vor, die Wissenschaft, so wie Hitler die Politik, „[…] einem schrankenlosen Opportunitätsprinzip überantwortet" zu haben (Spinner 1977, S. 573).

Joseph Agassi, sein Fast-Freund, fand zwar manches Interessante in „Against Method", meinte aber auch, es sei schwer, den Unsinn zu ignorieren und sich auf das wertvolle Material im Buch zu konzentrieren. Feyerabend äußere sich zwar zu allen möglichen sozialwissenschaftlichen, künstlerischen und historischen Ereignissen, verliere aber kein Wort zum Nationalsozialismus, Faschismus oder Rassismus. Trotz der Gewalttätigkeit und der Vulgarität, die er im Buche finde, habe er, Agassi, sich entschlossen, eine Rezension zu schreiben, auch weil er wünsche, dass sich Feyerabend von dem Unrat befreie und endlich der gutmütige und aufregende Wissenschaftler werden könne, der er so gerne sein möchte (Agassi, 1976, S. 173 ff.).

Wie gesagt, die kritischen Reaktionen auf sein Buch gingen nicht spurlos an Feyerabend vorbei. Vielleicht ahnte er auch schon während der Arbeit an „Against Method", was ihm da blühen könnte. Und möglicherweise ist das auch ein Grund, warum er parallel zu diesem Buch an einem Manuskript arbeitete, mit dem er das „[…] selbst inszenierte Bild eines leichtfertigen Denkers zu korrigieren" versuchte (Heit & Oberheim, 2009, S. 13). Helmut Heit und Eric Oberheim entdeckten 2004 im Konstanzer Feyerabend-Nachlass ein Buchmanuskript zur Naturphilosophie. Feyerabend hatte 1971 mit der Arbeit an diesem Manuskript begonnen und es später wohl mit der Absicht überarbeitet, es 1976 zu veröffentlichen. Insgesamt waren drei Bände geplant. Das es dazu nicht gekommen ist, habe, so vermuten Heit und Oberheim (2009, S. 14), auch mit den Überarbeitungen zu tun, die Feyerabend an seinem „Against Method" vornehmen wollte. Das Manuskript zur Naturphilosophie erschien zu seinen Lebzeiten nicht und wurde erst 2009 von Heit und Oberheim dankenswerter Weise herausgegeben. Im Kern geht es Feyerabend in diesem Buch darum nachzuweisen, wie sich der Aufstieg des Rationalismus von der Frühzeit über die Antike bis in die Neuzeit vollzog. Feyerabend greift dabei u. a. auf Forschungen aus der Steinzeitwissenschaft, auf die altägyptische sowie babylonische Kunst und Wissenschaft, auf die Interpreten der Homerischen Epen, auf sozialanthropologische Studien zu indigenen Völkern und auf Werke zur „abendländischen" Naturphilosophie von Aristoteles über Newton, Leibniz und Mach bis Niels Bohr zurück. Dabei gelingt es ihm zu zeigen, dass „[…] die Zeugnisse frühzeitlicher und antiker Kulturen ebenso theorieabhängige und zugleich partiell erfolgreiche Wirklichkeitsauffassungen wie die unsere…" seien (Heit & Oberheim, 2009, S. 29). Das gilt eben auch für die Mythen der früheren Kulturen. Diese Mythen sind keine reinen Lügengeschichten; vielmehr dienen sie zur Erfassung und kausalen Erklärung hervorstechender

Ereignisse (Feyerabend, 2009, S. 91). Wissenschaftliche Theorien und Mythen
seien Ergebnisse menschlicher Tätigkeiten und können Richtschnur für menschliche Tätigkeiten sein. Ihre Funktionalität oder Praktikabilität zeigt sich nicht in
ihrem Wahrheitswert, sondern ob und inwiefern sie dazu beitragen können, den
sozialen Fortschritt in einer Gemeinschaft zu fördern.

2.3   Erkenntnis für freie Menschen

> „Die Antwort, die ich im vorliegenden Buch ... gebe, erkläre und verteidige, lautet
> wie folgt: *in einer freien Gesellschaft verwendet ein Bürger die Maßstäbe der Tradi-
> tion, der er angehört*; er verwendet Hopi-Maßstäbe, wenn er ein Hopi-Indianer ist;
> fundamentalistische protestantische Maßstäbe, wenn er der Sekte der Fundamenta-
> listen angehört; altjüdische Maßstäbe, wenn er altjüdische Traditionen beleben will;
> faschistische Maßstäbe, wenn ihm der Faschismus näher liegt; dann gibt es besondere
> Gruppen, mit besonderen Interessen und Ideen, wie die Frauenbewegung, die Bewe-
> gung der Homosexuellen, ökologische Gruppen und dergleichen mehr" (Feyerabend,
> 1980, S. 12 f.).

Drei Jahre nach „Against Method" legte Paul Feyerabend mit „Science in a Free
Society" nach (Feyerabend, 1978). Nun forderte er nicht nur einen *wissenschaft-
lichen* Pluralismus, sondern die „Gleichberechtigung aller Traditionen" in einer
Gesellschaft (Feyerabend, 1980, S. 18).

So frei und friedlich, wie sich Paul Feyerabend die Gesellschaft wünscht, war
sie Ende der 1970er Jahre bekanntlich keinesfalls. Nicht in den USA, nicht in
Westdeutschland und auch nicht in Osteuropa, Afrika, Südamerika oder Asien.

Paul Feyerabend ist indes ein kluger und wacher Zeitgenosse. Es ist anzu-
nehmen, dass er die gesellschaftlichen, politischen, militärischen und kulturellen
Entwicklungen in diesen bewegten Zeiten wahrgenommen hat. In einer Analyse über Feyerabends Auffassungen über den Zusammenhang von Wissenschaft,
Ideologie und den Kalten Krieg kommt Ian James Kidd (2016) zu ähnlichen Schlussfolgerungen. So müsse Feyerabends Forderung nach einer freien
Gesellschaft auch vor dem Hintergrund der ideologischen Auseinandersetzungen
zwischen den USA und der UdSSR gesehen werden. Zum einen dürften diese
Auseinandersetzungen Feyerabend angeregt haben, noch stärker als bisher für
eine sozial engagierte Wissenschaft einzutreten. Zum anderen sei ihm eine „strikte
Dichotomie" suspekt gewesen, in der man entweder auf der Seite der USA und
ihrer Demokratie oder auf der Seite der UdSSR sowie dem Kommunismus zu
stehen habe. Eine solche Dichotomie stünde im Gegensatz zu seiner radikal

kritischen Haltung gegenüber jeder Ideologie und gegenüber einem ideologischen Monismus, der von einer *einzigen* maßgeblichen Vision von Gesellschaft, Geschichte und Wirklichkeit ausgehe (Kidd, 2016, S. 71 f.).

Inwieweit nun diese gesellschaftlichen Hintergründe auch die Arbeit an „Science in a Free Society" beeinflusst haben, lässt sich nicht eindeutig sagen, zu vermuten ist es. Sein Plädoyer für einen *demokratischen Relativismus* könnte ein Beleg sein.

Übersicht

Für einen solchen Relativismus sprechen nach Feyerabend zumindest drei Argumente:

Erstens: „Die Menschen haben das Recht, so zu leben, wie es ihnen passt, auch wenn ihr Leben anderen Menschen dumm, bestialisch, obszön, gottlos erscheint" (Feyerabend, 1980, S. 17). Keine Institution dürfe zum Beispiel festlegen, ob und wie sich Menschen medizinisch behandeln lassen möchten, auch wenn die Behandlungsformen der westlichen Medizin widersprechen.

Zweitens: Der Grundgedanke dabei sei der, „[...] dass eine Gesellschaft, die viele Traditionen enthält, dem Bürger bessere Mittel zur Beurteilung dieser Traditionen zu Verfügung stellt als eine Gesellschaft mit einer einzigen Grundideologie" (ebd., S. 19).

Drittens: Wissenschaftliche Standpunkte, Ideen, Prozeduren seien nicht nur unvollständig, sondern auch fehlerbehaftet. Da grundlegende Auseinandersetzungen über Traditionen Streitigkeiten zwischen Laien seien, könne der Ausgang der Streitigkeiten „[...] *keinem höheren Urteil unterworfen* [werden] *als wiederum dem Urteil von Laien*" (Feyerabend, 1980, S. 20 f.; Hervorh. im Original).

Der demokratische Relativismus unterstütze nicht nur ein Recht, er sei auch ein „[...] höchst nützliches Forschungsinstrument für jeden Staat, der ihn zu seiner grundlegenden Philosophie macht" (ebd., S. 22). Und, um die Quintessenz seiner Argumentationen in „Erkenntnis für freie Menschen" vorwegzunehmen, formuliert Feyerabend das Schlagwort *„Bürgerinitiativen statt Philosophie"* (ebd., S. 23; Hervorh. im Original) und einige Seiten später *„Bürgerinitiativen statt Erkenntnistheorie"* (ebd., S. 37). Der Strukturkern – wenn man das vor dem Hintergrund der Feyerabendschen anarchistischen Erkenntnistheorie sagen kann – sind Traditionen und deren Funktionen. Es widerspräche wiederum dem erkenntnistheoretischen Anarchismus Feyerabendscher Prägung, würde man bei ihm eine exakte, den wissenschaftlichen Regeln entsprechende Definition von Tradition finden wollen. Eine solche Definition gibt es bei ihm nicht, handelt es sich bei den Begriffen, mit denen Feyerabend jongliert, doch meist um solche mit einem großen und nicht selten diffusen Bedeutungshof. Um gebräuchliche Begriffe kritisieren und auf ihre Brauchbarkeit hin prüfen zu können, sei ein Beurteilungsmaßstab nötig, der – liest man in „Against Method" – entweder aus einem neuen theoretischen System oder aus einer anderen Wissenschaft, aus der Religion, aus der Mythologie oder aus Ergüssen Verrückter abgeleitet werden kann (Feyerabend, 1986, S. 87). Das heißt auch, die Begriffe werden nicht nach Wahrheit, Falschheit oder logischer Widerspruchsfreiheit beurteilt, sondern nach ihrer Brauchbarkeit (1986, S. 217) im Kontext anderer Begriffe des neuen theoretischen oder vortheoretischen Systems. So verwendet Feyerabend den Begriff der *Tradition* u. a. in Gleichsetzung mit *Praxis, Vernunft* oder *Wissenschaft* (z. B. Feyerabend, 1980, S. 62, 66, 195).[3] Traditionen, soviel lässt sich sagen, sind für ihn nicht nur symbolische, schriftliche und instrumentelle Erinnerungen einer sozialen Gemeinschaft, sondern, wie es Arno Waschkuhn ausdrückt (1999, S. 245), „menschlich-gesellschaftliche Konstrukte soziokultureller Art", die zur praktischen Anwendung und zur sozialen Identifikation zur Verfügung stehen. Traditionen können abstrakter Beschaffenheit sein, wie Astronomie, Mathematik oder die Gesetze der Physik. „Abstrakte Traditionen wurden im Abendland erstmals von Vorsokratikern eingeführt" (Feyerabend, 1980, S. 65), um neue Gesetze und Regeln abzuleiten und künftige Verfahrensweisen zu antizipieren. Traditionen mit lokalen Gesetzen nennt Feyerabend historische Traditionen.

„*Traditionen sind weder gut noch schlecht; sie existieren einfach.* »Objektiv«, das heißt unabhängig von Traditionen gibt es keine Wahl zwischen einer humanitären Einstellung und dem Antisemitismus [...]. *Eine Tradition erhält erwünschte und unerwünschte Züge nur, wenn man sie auf eine Tradition bezieht, das heißt, wenn man sie als Teilnehmer einer Tradition betrachtet und aufgrund der Werte dieser Tradition beurteilt* [...]. Es gibt daher zumindest zwei verschiedene Wege, auf denen man kollektive Probleme einer Lösung zuführen kann. Ich nenne diese Wege einen *freien Austausch* (von Gedanken, Gütern, Handlungen etc.) und einen *gelenkten Austausch* [...]. Die Teilnehmer eines gelenkten Austausches akzeptieren eine Tradition und lassen nur jene Handlungen (Überlegungen, Argumente, Prozeduren) zu, die den Maßstäben dieser Tradition entsprechen [...]. Ein freier

---

[3] In seiner Autobiografie bekennt Feyerabend u. a., dass er die Menschen von der Tyrannei „abstrakter Begriffe" wie „Wahrheit", „Realität" oder „Objektivität" befreien wollte, aber selbst „ähnlich starre Begriffe", wie „Demokratie" oder „Tradition" eingeführt habe und fragt sich, wie das passieren konnte (Feyerabend, 1995a, S. 246).

Austausch respektiert alle Züge des Gegners, sei er nun ein Individuum oder eine Nation […]. *Eine freie Gesellschaft ist eine Gesellschaft, in der alle Traditionen gleiche Rechte und gleichen Zugang zu den Zentren der Erziehung und anderen Machtzentren haben"* (Feyerabend, 1980, S. 68 ff.).

Paul Feyerabend ist klug genug, die Einwände zu antizipieren, die sich gegen seine Thesen erheben können, ethische, politische und wissenschaftliche Einwände. Alle drei wischt er vom Tisch. Häufig würden die ethischen Einwände mit Beispielen vorgebracht, die die möglichen Anhänger seines Relativismus unter moralischen Druck zu setzen versuchten: Hitler, der Zweite Weltkrieg, Auschwitz und neuerdings der Terrorismus kämen mit ermüdender Regelmäßigkeit daher. Bei den politischen Einwänden ginge es u. a. um die Frage, „[…] was der Autor denn beim Überhandnehmen konservativer oder faschistischer Strömungen zu tun gedenke" (ebd., S. 76). Die wissenschaftlichen Einwände seien die dümmsten, weil sie von der Annahme ausgingen, dass wissenschaftliche Methoden allen anderen Methoden und Regeln überlegen seien.

Wie lässt sich aber eine „rote Linie" ziehen, um nicht allen Traditionen gleiche Rechte und gleichen Zugang zu den Zentren der Macht zu gewähren?

Feyerabends Antwort: *„Nicht rationalistische Maßstäbe, nicht religiöse Überzeugungen, nicht humane Regungen, sondern Bürgerinitiativen sind das Filter, das brauchbare von unbrauchbaren Ideen und Maßnahmen trennt"* (Feyerabend, 1980, S. 77; Hervorh. im Original). Die Bürger eines Landstrichs, einer Stadt oder eines Dorfes und nicht ahnungslose Intellektuelle sollen in einer freien Gesellschaft über den Wert und den Gebrauch von Ideen entscheiden (ebd., S. 104).

Was passiert aber, wenn die Bürgerinnen und Bürger selbst in ihren Traditionen verhaftet sind, dass sie quasi nicht über die Grenzen ihrer selbst geschaffenen und tradierten soziokulturellen Konstruktionen hinauskönnen und in ihren, wie man heute sagen würde, gruppenspezifischen Echokammern die Bezugssysteme für ihre Initiativen zu suchen meinen? Derartige Grenzüberschreitungen schweben ja auch Feyerabend vor (Feyerabend, 1980, S. 93). Rationales Forschen ist oft nur vorübergehend von Nutzen (ebd., S. 99) und die „Tradition(en) des weißen Mannes" (S. 127) können keine universelle Richtschnur sein. Zuviel Unheil haben diese Traditionen in die Welt gebracht. Die von den weißen Männern (und Frauen) proklamierten „[…] demokratische(n) Prinzipien so, wie sie heute praktiziert werden, sind unvereinbar mit der ungestörten Existenz, Entwicklung, mit dem ungestörten Wachstum spezieller Kulturen" (ebd., S. 129). Nicht minder engstirnig dürfte es sein, „nichtwissenschaftliche" Entwicklungen und Traditionen, wie zum Beispiel traditionelle medizinische Diagnose- und Heilverfahren (Feyerabend, 1980, S. 204, nennt u. a. die Akupunktur) nur deshalb abzulehnen, weil sie zwar kranken Menschen helfen können, durch die westliche Schulmedizin indes kaum zu erklären sind.

Aber wo liegen die Grenzen eines demokratischen (und wissenschaftlichen) Relativismus? Oder mit Feyerabend gefragt: „[…] wie verhindert man, dass eine Gruppe in die Wünsche der anderen eingreift? Denn eingeschränkt müssen die Wünsche ja werden. Nicht alles kann erlaubt sein. Kriegsliebhaber, zum Beispiel, sollen nicht friedliebende Menschen zu ihren Kriegsspielen zwingen dürfen" (Feyerabend, 1980, S. 295 f.).

Feyerabend unterscheidet nicht nur abstrakte und historisch-lokale Traditionen und fordert die „Gleichberechtigung aller Traditionen" (s. o.). Er sieht auch einen Unterschied zwischen „opportunistischen oder eklektizistischen Traditionen" einerseits und „dogmatischen Traditionen" andererseits. Während die ersten von Werten geleitet seien, sich aber nicht scheuen, die eigenen Werte zu verändern und die Werte anderer Traditionen zu tolerieren, versuchen die dogmatischen Traditionen bzw. deren Vertreter*innen die eigenen Werte als die einzig wahren Grundwerte in die Welt zu projizieren und „[…] alle Ereignisse (der Geschichte, des Privatlebens, selbst der Natur) an ihnen (zu) messen und (zu) versuchen, die Welt durch Gewalt, Überredung oder institutionelle Machenschaften in ihre Richtung zu biegen…" (1980, S. 136 f.). Feyerabends Sympathie, so kann man es seinen Argumenten entnehmen, gilt zweifellos den eklektizistischen Traditionen. Sie entsprechen seinem Relativismus und ermöglichen das „[…] *opportunistische Aufnehmen* und Verändern des Brauchbaren (wobei sich die Kriterien der Brauchbarkeit von Problem zu Problem und Epoche zu Epoche ändern" (ebd., S. 140; Hervorh. im Original). Es ist also kein absoluter Relativismus, den Feyerabend einfordert, sondern die Unterstützung der sowie die Teilnahme an eklektizistischen Traditionen. Dogmatismus, in welchem Gewande auch immer, ist abzulehnen. Der Dogmatismus liegt jenseits der Grenze, die der demokratische Relativismus nicht überschreitet. Ob allerdings eine „Polizei *von außen,* die die *physische* Bewegungsfreiheit, aber nicht den *Flug der Gedanken* einschränkt" (1980, S. 296; Hervorheb. im Orginal), in der Lage ist, die Bewegungsfreiheit dogmatischer Bewegungen zu beschränken, darf mit Fug und Recht bezweifelt werden und lässt sich wohl nur als Ausrede eines bis in die frühen 1980er Jahre politisch etwas naiven Autors interpretieren.

Die Freiheit einer Gesellschaft bemisst sich nicht nur an der Bewegungsfreiheit der verschiedenen Traditionen, sondern auch an den individuellen und sozialen Möglichkeiten, auf verschiedene Traditionen, nicht nur auf die eigenen bzw. die der eigenen Gruppe zurückgreifen zu können. So sollte es in einer freien Gesellschaft z. B. für einen Hopi-Menschen möglich sein, nicht nur Hopi-Maßstäbe, sondern ebenso protestantische, altjüdische und andere Traditionen für die Gestaltung seines und des gesellschaftlichen Lebens einfordern zu dürfen. Die gesellschaftliche Existenz, die Bewegungsfreiheit und die Zugriffsmöglichkeiten auf solche und andere Traditionen gehören zweifellos zu den *Möglichkeiten,* an denen sich Menschen orientieren können, wenn sie ihre soziale Wirklichkeit zu konstruieren versuchen. Aber auch Rituale, Konventionen, Mythen, gesellschaftliche Normen, eben die Vielfalt der gesellschaftlichen Verhältnisse, die ökonomischen, politischen, kulturellen, wissenschaftlichen Strukturen und Prozesse bieten Möglichkeiten für individuelle Entwicklungen, individuelle Weltsichten, eben für individuelle Konstruktionen über soziale Wirklichkeiten und für soziale Wirklichkeitskonstruktionen.

2.4   Die Vernichtung der Vielfalt

„Wie kann es geschehen, dass Sichtweisen, die den Reichtum verringern und die menschliche Existenz ihres Wertes berauben, so mächtig werden?" (Feyerabend, 2005, S. 39).

Mit dieser Frage hat Paul Feyerabend bis zu seinem Lebensende gerungen. 1999 erschien posthum Feyerabends Werk „Conquest of Abundance. A Tale of Abstraction versus the Richness of Being", herausgegeben von Bert Terpstra (Feyerabend, 1999). Die deutsche Übersetzung trägt den Titel „Die Vernichtung der Vielfalt. Ein Bericht" (Feyerabend, 2005). Das Buch ist zweigeteilt. Der erste Teil enthält eine Fusion von drei Fassungen eines Manuskripts, an dem Feyerabend bis zu seinem Tode arbeitete. Im zweiten Teil des Buches findet sich eine Auswahl von Abhandlungen, die bereits andernorts erschienen sind.

Grazia Borrini-Feyerabend schreibt im Vorwort zur deutschen Ausgabe, dass Paul Feyerabend im Buch einige besondere Augenblicke in der Entwicklung der westlichen Kultur nacherzähle, Zeitspannen, in denen komplexe Weltanschauungen mit ihren übervollen Deutungen von Realität „[…] einigen wenigen, abstrakten Begriffen und stereotypen Darstellungen weichen mussten" (Borrini-Feyerabend in: Feyerabend, 2005, S. 14).

Eine der Hauptfragen, die Feyerabend im ersten Teil des Buches zu beantworten versucht, ist eben jene, die zu Beginn dieses Kapitels zitiert wurde. Es geht Feyerabend nicht darum, *dass* die Vielfalt von Weltsichten im Verlaufe der Geschichte vernichtet wurde, sondern *wie* es dazu kam, „[…] dass die reiche, farbenprächtige und übervolle Welt, die uns in so vielfältiger Art durchdringt, in zwei Bereiche aufgeteilt wurde, deren einer noch etwas Leben enthält, während dem anderen beinahe all die Eigenschaften und Ereignisse fehlen, die unsere Existenz wichtig werden lassen" (Feyerabend, 2005, S. 39).

> Aus psychologischer Perspektive handelt es sich um die Frage, warum Menschen die reiche, farbenprächtige Welt nicht einfach so nehmen, wie sie ist, sondern sie zu ordnen und zu vereinfachen versuchen. Bekanntlich kategorisieren Menschen ihre Welt (Personen, Objekte, Ereignisse, Prozesse), um die Komplexität der Wirklichkeit zu reduzieren. Kategorisierung bedeutet, Gegenstände, Objekte, Menschen aufgrund gemeinsamer charakteristischer Merkmale in abgrenzbare (abstrakte) Klassen einzuteilen. Eine solcher Prozess dient letztlich der Komplexitätsreduktion im Umgang mit den reichhaltigen und nicht überschaubaren Facetten der Wirklichkeit. Kategorisierung bedeutet, die Welt in einen vorhersagbareren und kontrollierbareren Ort zu verwandeln. Evolutionswissenschaftliche Befunde und Überlegungen legen nahe, dass das Kategorisieren von Welt einen Überlebensvorteil für die Menschen (generell für Primaten, aber nicht für andere Säugetiere) garantiert (z. B. Tomasello, 2020).

In der Einleitung zu „Die Vernichtung der Vielfalt" erwähnt Feyerabend (2005, S. 27 f.) einen psychologischen Fall, den der sowjetische Neuropsychologe Alexander R. Lurija in seinem Buch „The Mind of a Mnemonist" (1968) beschreibt. Es handelt sich um den Journalisten und Gedächtniskünstler Solomon Shereshevski[4], der aufgrund einer synästhetischen Veranlagung zwar viele einzelne Eindrücke speichern und wieder reproduzieren konnte, aber kaum in der Lage war, Informationen zu selektieren und zu kategorisieren. Shereshevski litt darunter, die mannigfachen, sich überlagernden Sinneseindrücke nicht vergessen zu können. Deshalb versuchte er sich einzureden, dass er die vielen Sinneseindrücke einfach nicht mehr wahrnehmen wollte. Feyerabend nimmt das Beispiel zum Anlass, darauf hinzuweisen, dass es Situationen und Anlässe zu geben scheint, in denen Menschen die Vielfalt ihrer Eindrücke einfach „abblocken" und die Wirklichkeit vereinfachen.

Allerdings ist Feyerabend weniger an der *psychologischen* Problematik von Abstraktion und sinnlicher Vielfalt interessiert. Ihm geht es eher darum zu untersuchen, wie sich im Verlaufe der Geschichte Strukturen (Theologie, Philosophie,

---

[4] Nicht „Sherashevsky", wie fälschlicherweise in „Die Vernichtung der Vielfalt" geschrieben.

Wissenschaften) entwickelten, in denen die „Reichhaltigkeit der Welt" geleugnet und durch Abstraktionen ersetzt wurde. „Sich vom Alltagsverstand und der alltäglichen Erfahrung zu entfernen, hin zu einer Welt abstrakter Begriffe, hat Vorteile mit sich gebracht. Aber diese Vorteile wurden verzerrt und verwandelten sich, aufgrund der grundsätzlichen Unstimmigkeiten des ganzen Unternehmens, in eine Bedrohung" (Feyerabend, 2005, S. 39).

Dieses „Unternehmen", das „Aufkommen des Rationalismus", seine Vorteile, Verwandlungen und Verzerrungen möchte Feyerabend verstehen. Dass er dabei zuvörderst das Aufkommen von Philosophie und Wissenschaft im antiken Griechenland in den Blick nimmt, liegt auf der Hand, fand dort doch – nach westlichem Verständnis – zwischen 800 und 30 v. Chr. eine Revolution des Wissens statt. So analysiert Feyerabend die Sprache in den Homerischen Epen, den Rationalismus des „eingebildeten Großmauls" Xenophanes, die logische Begründung über die Erhaltung des Seienden bei Parmenides und dessen Einfluss auf die moderne Physik. Die (vermeintliche) Entdeckung der Zentralperspektive durch Filippo Brunelleschi (1377–1446) nimmt Feyerabend als Exempel, um über das Verhältnis von Relativismus und Realismus zu spekulieren. Seine Fallbeispiele bettet er ein in die jeweiligen kulturellen, politischen und technologischen Kontexte der Zeit und verweist so auf die Mehrdeutigkeit des vermeintlichen Fortschritts in Philosophie, Wissenschaft und Kunst. Menschen bilden die Welt nicht einfach mittels abstrakter Begriffe ab, sie verändern auch die Welt und ihre kategorialen Interpretationen. „Da wir in der Welt sind, ahmen wir Ereignisse nicht nur nach oder setzen sie nicht nur zusammen, sondern wir erschaffen sie auch neu, sobald wir nachahmen, und ändern so das, was wir für beständige Objekte unserer Aufmerksamkeit halten" (Feyerabend, 2005. S. 141).

Auf die Auswahl von Abhandlungen im zweiten Teil des Buches „Die Vernichtung der Vielfalt" muss an dieser Stelle nicht weiter eingegangen werden. Nur der letzte Beitrag, der 1994 in der Zeitschrift „Common Knowledge" erschienen ist, sei noch kurz erwähnt. Es handelt sich um eine kurze Stellungnahme zu einem Dokument, das u. a. von Gadamer, Derrida, Rorty unterzeichnet wurde und sich an „alle Parlamente und Regierungen der Welt" mit der Bitte richtet, das Studium der Philosophie und ihrer Geschichte in allen Schulen einzurichten. Feyerabend kommentiert das Schreiben u. a. mit den Worten: „Die wirklichen Probleme unserer Zeit werden nicht einmal berührt. Welches sind die wirklichen Probleme? Sie bestehen in Krieg, Gewalt, Hunger, Krankheit und Umweltkatastrophen […]. Die Philosophen und Wissenschaftler, die ihn (den Aufruf, WF) unterzeichnet haben, hätten besser daran getan, eine harsche Verurteilung der Verbrechen und Morde, die in unserer Mitte passieren, herauszugeben, zusammen mit einem Aufruf an alle Regierungen, einzuschreiten und das Töten zu beenden, notfalls mit militärischer Gewalt. Solch eine Verurteilung und ein solcher Aufruf wären verstanden worden. Es hätte gezeigt, dass die Philosophie sich um ihre Mitmenschen kümmert" (Feyerabend, 2005, S. 295).

Insofern ist der Schlussfolgerung von Helmut Heit zuzustimmen, dass sich Feyerabend in seinem letzten Buch als ein Denker zeigt, „[…] der sich unsere Welt als einen besseren, glücklicheren Ort vorstellen kann, ohne mit seinem Plädoyer für mehr Vielfalt pathetisch oder verbissen zu sein" (Heit, 2006, S. 619).

Was bleibt?

Drei Jahre nachdem „Science in a Free Society" als englische Erstauflage erschien, publizierte Feyerabend zwei gewichtige Bände mit dem Untertitel „Philosophical Papers" (Feyerabend, 1981a, 1981b), in denen er seine Auffassungen über den Einfluss von Theorien auf Beobachtungen, über die Inkommensurabilität von Theorien, über den Kritischen Rationalismus oder über den wissenschaftlichen (gesellschaftlichen) Pluralismus und die Rolle von Traditionen noch einmal wissenschaftshistorisch begründet und expliziert. Gewiss, beide Bände enthalten Ideen, die Feyerabend bereits an anderer Stelle entwickelt hat (so z. B. schon in seiner Dissertation von 1951; vgl. z. B. Feyerabend, 1981a, S. 17 ff.). In seinen Argumentationen richtet sich Feyerabend an die Mitglieder der wissenschaftlichen Communities, denen er sich selbst einmal zugehörig fühlte. Allerdings wird, wie schon in „Science in a Free Society", ebenfalls deutlich, dass es ihm um mehr geht, um die Kommunikation mit Menschen und Gemeinschaften außerhalb etablierter akademischer Zirkel, die aufgrund ihrer Traditionen eigenen Vorstellungen von Vernunft und Wahrheit besitzen. Zusammengefasst finden sich diese Ideen auch in „Farewell to Reason" (Feyerabend, 1987), ebenfalls eine Sammlung bereits früher publizierter Arbeiten. Feyerabend nimmt hier nicht nur die Unterscheidung von Entdeckungs- und Rechtfertigungs- bzw. Begründungszusammenhang und manch anderes aufs Korn; er plädiert auch dezidiert für kulturelle Vielfalt, die für ihn die beste Verteidigung gegen eine totalitäre Herrschaft ist.

Seit seinem Tod im Jahre 1994 erschienen bis heute, nimmt man *Google Scholar* zu Hilfe, unter dem Schlagwort „Paul Feyerabend" mehr als 17.000 Publikationen. Dazu gehören zahlreiche Nachauflagen seiner eigenen Schriften sowie die erwähnten posthum erschienenen Werke („Conquest of Abundance"

W. Frindte, *Wider den Chauvinismus*, essentials, https://doi.org/10.1007/978-3-658-42722-1_3

aus dem Jahre 1999 und die deutsche Übersetzung mit dem Titel „Vernichtung
der Vielfalt" von 2005 sowie „Naturphilosophie" von 2009), Diskussionen über
seine Kritik am Kritischen Rationalismus (z. B. Anderson, 2019), Würdigun-
gen seiner anarchistischen Erkenntnistheorie (z. B. Niaz, 2020), Sammelbände
mit kritischen Essays (z. B. Bschir & Shaw, 2021), ausgezeichnete Biografien
(z. B. Oberheim, 2007) und vieles andere mehr. Auch in feministischen Debatten
wird er hin und wieder erwähnt (z. B. Koertge, 2013). Feyerabend bezieht, wenn
auch en passant, Stellung zu Fragen, die auch die heutigen postkolonialen Studien aufwerfen. Seine Sorge um die epistemische und politische Marginalisierung
der Kulturen der indigenen Völker oder um die menschlichen und ökologischen
Kosten der Verwestlichung (Westernisation) hat ihn bereits in den 1970er Jahren
umgetrieben. In der reichhaltigen Literatur der postkolonialen Wissenschafts- und
Technologiestudien taucht Feyerabend bedauerlicherweise nur als „[…] figure
in the critical reactions against positivist philosophies of science…" auf, was
zwar nicht falsch sei, aber nicht die Tiefe und Besonderheit seiner Kritik an der
gewaltsamen imperialistischen Politik widerspiegele (Brown & Kidd, 2016, S. 5).

In „Against Method" und späteren Arbeiten kritisiert Feyerabend den wissenschaftlichen Chauvinismus, der sich oft der Einführung von wissenschaftlichen
Alternativen widersetze. Gegen einen solchen Chauvinismus bringt er das
Erkenntnispotential von Mythen, Märchen, Legenden und okkulten Riten in Stellung und plädiert für „Bürgerinitiativen statt Erkenntnistheorie" (Feyerabend,
1980, S. 37).

Sicher, man könnte manche Ideen Feyerabend als absurd, aberwitzig, irrsinnig
oder töricht abtun. So diskutiert er nicht nur die *historische* Rolle der Astrologie und die (nachweisbare) Vorliebe von Johannes Kepler für das Verfassen von
Horoskopen, sondern versucht in den (frühen) astrologischen Vorstellungen über
den Zusammenhang von Sonnenaktivitäten, Planetenkonstellationen und deren
Wirkungen auf die Menschen einen Sinn zu entdecken, der für „primitive" Völker durchaus wichtig sein könnte. Auch die Hopi-Medizin, die Akupunktur, die
mittelalterliche Hexerei, verschiedene Formen der Pflanzenheilkunde, die Idee,
dass Kometen auf Kriege hindeuten könnten, sind für Feyerabend nicht nur
Märchen oder längst widerlegte Mythen. Dazu gehört seine oft zitierte und viel-
fach kritisiert Behauptung, es gebe keine physikalische Theorie, die der Idee
entgegenstünde, Regentänze bringen Regen (Feyerabend, 1980, S. 129; 1992,
S. 97 f.). Diese Idee ist nicht nur in den Feuilletons gern kolportiert worden.
Auch in wissenschaftlichen Publikationen werden derartige Idee entweder als
heikel angesehen (z. B. Hagner, 2017, S. 373) oder ihr obskurer Hintergrund
kritisiert (z. B. Bammé, 2006, S. 281). Feyerabend behauptet nun allerdings

nicht, Regentänze wären ebenso verlässlich wie computergestützte Wettervoraussagen oder mit Regentänzen ließe sich der Regen herbeizaubern. Natürlich laufe die Idee von den Regentänzen der großen Mehrheit der Wissenschaften zuwider. Es genüge aber nicht, wenn wir behaupten, dass Regentänze wirkungslos seien. „Ein Regentanz muss mit der gebührenden Vorbereitung und unter den gebührenden Umständen durchgeführt werden, und diese Umstände schließen die alten Stammesorganisationen und die dazugehörigen geistigen Einstellungen ein" (Feyerabend, 1992, S. 96). Man kann diesen Satz als eine typisch Feyerabendsche Provokation betrachten. Er besagt aber mehr. Mit dem Verweis auf die alten Stammesorganisationen und die geistigen Einstellungen rekurriert Feyerabend auf die Traditionen und Konventionen jener Menschen, für die es sinnvoll ist, dass Regentänze zu Regen führen. Es handelt sich also um eine stammes- oder gemeinschaftsbezogene Kausalität, die aus der Sicht „westlicher" Rationalität absurd ist. Mit der scheinbar absurden These verweist Feyerabend seinerseits auf die Absurdität westlicher Dominanzkulturen. Und insofern und nur insofern wäre es borniert zu behaupten, dass Regentänze, Mythen, Rituale und Märchen keine wichtigen identitätsschaffenden Traditionen in manchen Kulturen und Subkulturen sind. Andererseits sind es gerade die scheinbar absurden Ideen, wie eben jene von den Regentänzen, den Mythen und den Märchen, die aus Feyerabends Sicht wünschenswert sind, um zu neuen, grenzüberschreitenden Erkenntnissen führen können.

Können aber öffentlich gewählte Kommissionen von Laien tatsächlich feststellen, „[…] ob die Abstammungslehre wirklich gut begründet ist, wie es uns die Biologen einreden wollen, ob eine »gute Begründung« in ihrem Sinn die Sache erledigt und ob nicht andere Ansichten, wie etwa die Lehre von *Genesis* auch in den Schulen vorgetragen werden sollte"? (Feyerabend, 1980, S. 190; Hervorh. im Original). Können Laien entscheiden, ob die Gravitätsgesetze *nicht* gelten, ob die Corona-Pandemie nur eine Erfindung von Bill Gates ist, ob der menschengemachte Klimawandel nur Einbildung oder der Antisemitismus eine Lüge ist, die von weißen Frauen und Männern in die Welt gesetzt wurde? Die Fragen mit „Ja" zu beantworten, wäre zynisch. Und so darf man sich nicht wundern, wenn Feyerabends frühe Forderung nach Bürgerinitiativen statt Erkenntnistheorie bzw. Philosophie aus heutiger Sicht und von einigen Autor*innen durchaus skeptisch gesehen wird. Philipp Sarasin (2019, S. 6) z. B. schreibt, dass wir gegenwärtig erkennen, wie toxisch die Kombination von Wissenschaftsfeindschaft, esoterischen Spekulationen und identitätspolitisch aufgeladenem Beharren auf der Eigenständigkeit und Einzigartigkeit jeder „Kultur" sei. Feyerabend habe das zwar alles nicht ausgelöst und doch sei er ein frühes Symptom für derartige Entwicklungen. Auch Alexander Bogner ist der Meinung, Paul Feyerabend habe mit seinem „Multiparadigmatismus" den Verschwörungstheoretikern von heute den Weg geebnet (Bogner, 2021, S. 62 ff.). Ähnlich argumentiert Homayun Sidky, wenn er Feyerabend vorwirft, er habe mit seinem egalitären und anarchistischen Ansatz einen intellektuellen Raum für alle möglichen pseudowissenschaftlichen Ansichten, wie Magie, Astrologie, Mystizismus und Kreationismus, eröffnet (Sidky, 2021, S. 65).

Einen anderen, durchaus ernstzunehmenden Blick auf die Feyerabendschen Argumente werfen dagegen Karim Bschir und Simon Lohse (2022), indem sie die politischen Reaktionen auf die COVID-19-Pandemie mit dem epistemischen Pluralismus von Paul Feyerabend konfrontieren. Die Autoren kommen u. a. zu dem Schluss, dass ein höheres Maß an Pluralismus in der Gesundheitspolitik sowie die stärkere Einbeziehung außerwissenschaftlicher Perspektiven (im Sinne Feyerabends) während der Pandemie sowohl aus erkenntnistheoretischen als auch aus politischen Gründen wünschenswert gewesen wären.

Die Bedeutung des innovativen Einflusses von (außerwissenschaftlichen) Bürgerinitiativen auf den sozialen, politischen und wissenschaftlichen Wandel in heutigen Zeiten ist sicher nicht zu leugnen, ob es sich nun um die in der internationalen Öffentlichkeit agierende *MeToo-Bewegung,* die internationale Bewegung *Fridays for Future* oder die ebenfalls über Ländergrenzen hinaus wirksame *Black-Lives-Matter-Bewegung* (BLM) handelt. Derartige Bürgerinitiativen wollen nicht nur singuläre Lebensstile verändern, sondern die Politik, die Wissenschaft und die Bürger*innen gegen sexuelle Übergriffe und Ausbeutung, für eine lebenswerte, klimagerechte Zukunft und gegen Rassismus mobilisieren. Unumstritten sind derartige Bürgerinitiativen indes auch nicht, denkt man z. B. an antisemitische Ressentiments in der BLM oder an manch antifeministische und rassistische Positionen in der MeToo-Bewegung (z. B. Funkschmidt, 2020; Martini, 2020).

> **Übersicht**
> Zu den heutigen Bürgerinitiativen gehören allerdings auch jene Formierungsprozesse, die sich rechtspopulistischer bzw. rechtsextremer Inszenierungsmittel bedienen (z. B. die islamfeindliche Bewegung „Pax Europa", die PEGIDA-Bewegung, die Reichsbürgerszene). Die Forderung nach Bürgerinitiativen statt Erkenntnistheorie ist also ein ambivalenter Appell. Sicher würde Feyerabend manche „Bürgerinitiativen" heute als „cranks", als Spinner bezeichnen, so wie er es an früherer Stelle getan hat (Feyerabend, 1964, S. 305).

Was er unter Cranks versteht, deutet Feyerabend nur an. Bschir und Lohse (2022) beziehen sich auf Shaw (2021) und meinen: *Cranks* sind – im Feyerabendschen Verständnis – Akteure, die nur ihre eigenen Sichtweisen und Agenda durchzusetzen wollen und nicht daran interessiert sind, ihre Auffassungen im Lichte anderer Ansichten zu hinterfragen. Das können Aktivist*innen sein, die sich gegen andere Standpunkte immunisieren, oder lokale Expert*innen, die nicht bereit sind, Auffassungen zu berücksichtigen, die ihren persönlichen Erfahrungen widersprechen. Auch wissenschaftliche Expert*innen, die sich selbst über jeden Zweifel erhaben sehen, können Cranks sein.

Kurz und gut: Feyerabend geht keineswegs davon aus, dass Mythen, Märchen, okkulte Riten oder eben der Schöpfungsglaube den rationalen Vorstellungen von Welt per se überlegen sind. Vielmehr kritisierte er wissenschaftliche Angriffe zum Beispiel gegen die Astrologie, die Kräutermedizin oder die Parapsychologie, wenn die Angreifer*innen ohne Wissen und Kenntnis von Astrologie oder Parapsychologie argumentieren. Feyerabend verteidigt damit eben nicht die vermeintlichen Pseudowissenschaften. Mythen, Märchen oder okkulte Riten können für Feyerabend vielmehr sowohl Anstoß für wissenschaftliche Entdeckungen sein, als auch – sozusagen – die Nagelprobe für das Rationale wissenschaftlichen Forschens bereitstellen. Absurde Ideen erzeugen kognitive Dissonanzen, weil das, was sie verkünden, im Widerspruch zum Gewohnten oder autoritär Verkündeten zu stehen scheint.

So verweisen Mythen, Märchen, aber auch die wissenschaftliche Rationalität auf Deutungsmuster (oder soziale Konstruktionen), die in Gemeinschaften, Gesellschaften und Kulturen zu den bewährten, tradierten Mustern gehören, mit deren Hilfe Menschen ihre Welt interpretieren, über sie kommunizieren und ihre soziale Identität, also die Zugehörigkeit zu ihren relevanten Bezugsgemeinschaften, definieren, um sich letztlich in dieser Welt zurechtzufinden.

In seinen späteren Arbeiten verabschiedet sich Feyerabend von einem kulturellen Relativismus, nach dem Kulturen als „[…] mehr oder weniger geschlossene Einheiten mit ihren eigenen Kriterien und Verfahren" (1995a, S. 205) betrachtet werden müssten. Vielmehr stünden Kulturen miteinander im Zusammenhang und würden voneinander lernen. Jede Kultur berge potentiell alle Kulturen in sich (Feyerabend, 2005, S. 228 ff.). Kulturelle Besonderheiten seien nicht sakrosankt. „Es gibt keine »kulturell gerechtfertigte« Unterdrückung und keinen »kulturell gerechtfertigten« Mord. Es gibt nur Unterdrückung und Mord, und beide sollten als solche behandelt werden, und wenn nötig, mit Entschiedenheit. Diese

Veränderbarkeit jeder Kultur führt aber auch zu der Einsicht, dass wir uns selbst für Änderungen öffnen müssen, bevor wir andere zu ändern versuchen" (1995a, S. 205). „Kultureller Austausch", so schreibt Paul Feyerabend, „ist eine gut eingeführte Praxis. Für Jahrtausende tauschten Kulturen Ideen, technologische Errungenschaften, Kunstformen, Luxusgüter, Nahrungsmittel, Gottheiten und Prostituierte aus" (Feyerabend, 2005, S. 286).

Auf jeden Fall sprach sich Feyerabend in seinen späten Jahren entschieden dagegen aus, Kulturen, Stämmen oder Nationen aus westlicher Sicht und mit ignoranter Aggressivität „[...] zu reformieren und sie ihren (den westlichen, WF) Vorstellungen von einem zivilisierten Leben anzupassen. Seit Menschen entdeckt wurden, die nicht zum westlichen Kultur- und Zivilisationskreis gehörten, hielt man es fast für eine moralische Pflicht, ihnen die Wahrheit zu bringen – und damit meinte man die herrschende Ideologie der Eroberer" (1992, S. 52 f.). Feyerabends Kritik an der Ideologie der Eroberer zielt auch auf die „humanitäre Gesinnung" als Teil der Ideologie einer Gesellschaft (ebd., S. 59). Das mag auf den ersten Blick irritieren, ist indes angesichts der vielen historischen und aktuellen Verbrechen, die im Namen der Menschlichkeit begangen wurden, durchaus verständlich. Nicht gegen humanistische Visionen richtet sich Feyerabends Kritik, wohl aber gegen die Intoleranz, Macht und Gewalt der „westlichen" Kulturen. In „Wissenschaft als Kunst" bekennt er, Grazia Borrini, seine Frau und große Liebe, habe ihm die Klarheit gebracht, was die großen Probleme unserer Zeit seien: „Das Problem des Friedens in seinen verschiedenen Gestalten – des Friedens mit unseren Mitmenschen, auch wenn sie anderer Meinung sind; des Friedens mit anderen Nationen, auch wenn damit das Eingeständnis großer Fehler verbunden ist; und das Problem des Friedens mit der Natur, auch wenn das heißt, dass wir die Natur nicht mehr als unseren Sklaven betrachten, sondern als einen gleichberechtigten Lebenspartner (Feyerabend, 1984a, S. 12 f.).

Wenige Wochen vor seinem Ableben am 11. Februar 1994 schreibt er: „Ich möchte jetzt noch nicht sterben, nachdem ich mein Gleichgewicht gefunden habe, auch in meinem Privatleben. Ich würde gerne bei Grazia bleiben, sie unterstützen und sie aufmuntern, wenn die Arbeit anstrengend wird. [...] Ich möchte, dass nach meinem Ableben nicht Aufsätze und nicht letzte philosophische Erklärungen von mir zurückbleiben, sondern Liebe. Ich hoffe, dass sie weiterbesteht und nicht zu sehr beeinträchtigt wird von der Art meines Ablebens, ohne einen Todeskampf, ohne schlechte Erinnerungen zurückzulassen. Was immer jetzt geschieht, unsere kleine Familie kann ewig leben – Grazia, ich und unsere Liebe. Das ist es, was ich mir wünsche: nicht, dass mein Geist weiterlebt, sondern allein die Liebe" (Feyerabend, 1995a, S. 249).

Was Sie aus diesem *essential* mitnehmen können

- Paul K. Feyerabend (1924–1994), Physiker, Philosoph und – nach eigenem Bekunden – erkenntnistheoretischer Anarchist, lehrte u. a. in Berlin, Bristol, Berkeley, Kassel, London, Yale und Zürich.
- Von den einen als Chaot oder Voodoo-Priester der Erkenntnistheorie gescholten, sehen andere in ihm den anregenden Provokateur, genialen Wissenschaftstheoretiker und überzeugten Anhänger des wissenschaftlichen Pluralismus.
- Mit dem Schlagwort „anything goes" wurde er auch außerhalb wissenschaftlicher Kreise berühmt und von manchen zum Guru der Postmoderne stilisiert.
- Tatsächlich wollte Feyerabend damit kein neues wissenschaftstheoretisches Prinzip einführen, sondern die Ansprüche insbesondere des Kritischen Rationalismus zurückweisen, Wissenschaft ausschließlich nach rationalen Regeln zu betreiben.
- Gegen einen solchen „wissenschaftlichen Chauvinismus" brachte er Mythen oder okkulte Riten in Stellung und plädierte – nicht unumstritten – für „Bürgerinitiativen statt Erkenntnistheorie".
- Mythen, okkulte Riten oder scheinbar absurde Ideen können sowohl Anstoß für wissenschaftliche Entdeckungen sein, als auch die Nagelprobe für das Rationale wissenschaftlichen Forschens bereitstellen.
- In seinen späten Jahren wandte sich Paul Feyerabend außerdem entschieden gegen die Intoleranz, Macht und Gewalt der „westlichen" Kulturen. Kulturelle Vielfalt sei die beste Verteidigung gegen totalitäre Herrschaft.

W. Frindte, *Wider den Chauvinismus*, essentials, https://doi.org/10.1007/978-3-658-42722-1

Literatur

Zitierte Schriften von Paul K. Feyerabend

Feyerabend, P. K. (1951). *Zur Theorie der Basissätze*, Dissertation, Universität, Wien.

Feyerabend, P. K. (1954). Physik und Ontologie. *Wissenschaft und Weltbild. Monatszeitschrift für alle Gebiete der Forschung, 7*(11/12), 464–476.

Feyerabend, P. K. (1955a). Wittgenstein's Philosophical Investigations. *The Philosophical Review, 64*(3), 449–483.

Feyerabend, P. K. (1955b). *Humanities in Austria: A report on postwar developments.* Library of Congress Reference Department.

Feyerabend, P. K. (1957a). Zur Quantentheorie der Messung. *Zeitschrift für Physik, 148*(5), 551–559.

Feyerabend, P. K. (1957b). Feyerabend, P. K. (1958). Die analytische Philosophie und das Paradox der Analyse. *Kant-Studien, 49,* 238–244.

Feyerabend, P. K. (1957c). An attempt at a realistic interpretation of experience. In *Proceedings of the Aristotelian Society, 58* (S. 143–170).

Feyerabend, P. K. (1962). Explanation, reduction, and empiricism. In H. Feigl & G. Maxwell (Hrsg.), *Minnesota studies in the philosophy of science, Vol. 3.* University of Minnesota Press.

Feyerabend, P. K. (1964). Realism and Instrumentalism: Comments in the logic of factual support. In M. Bunge (Hrsg.), *Critical approaches to science and philosophy* (S. 260–308). Free Press.

Feyerabend, P. K. (1967a). On the improvement of the sciences and the arts, and the possible identity of the two. In R. S. Cohen & M. W. Wartofky (Hrsg.), *Proceedings of the Boston colloquium for the philosophy of science 1964/1966.* D. Reidel Publishing.

Feyerabend, P. K. (1967b). Theater als Ideologiekritik. Bemerkungen zu Ionesco. In E. Oldemeyer (Hrsg.), *Die Philosophie und die Wissenschaften. Simon Moser zum 65. Geburtstag.* Verlag Anton Hain.

Feyerabend, P. K. (1970). *Against method. Outline of an anarchistic theory of knowledge.* University of Minnesota Press, Minneapolis. Retrieved from the University of Minnesota Digital Conservancy. https://conservancy.umn.edu/handle/11299/184649. Zugegriffen: 5. März 2023.

Feyerabend, P. K. (1975a). Imre Lakatos. *The British Journal for the Philosophy of Science, 26*(1), 1–18.

Feyerabend, P. K. (1975b). *Against method. Outline of an anarchistic theory of knowledge.* New Left Books.

Feyerabend, P. K. (1977). Unterwegs zu einer dadaistischen Erkenntnistheorie. In H. P. Duerr (Hrsg.), *Unter dem Pflaster liegt der Strand* (S. 9–88). Karin Kramer.

Feyerabend, P. K. (1978). *Science in a free society.* New left Books.

Feyerabend, P. K. (1980). *Erkenntnis für freie Menschen.* Suhrkamp.

Feyerabend, P. K. (1981a). *Realism, rationalism and scientific method: Philosophical papers* (Bd. 1). Cambridge University Press.

Feyerabend, P. K. (1981b). *Problems of empiricism: Philosophical papers* (Bd. 2). Cambridge University Press.

Feyerabend, P. K. (1984a). *Wissenschaft als Kunst.* Suhrkamp.

Feyerabend, P. K. (1984b). Was heißt das, wissenschaftlich zu sein? In P. Feyerabend & C. Thomas (Hrsg.), *Grenzprobleme der Wissenschaften* (S. 385–397). Eidgenössische Technische Hochschule, Verlag der Fachvereine.

Feyerabend, P. K. (1986). *Wider den Methodenzwang.* Suhrkamp Taschenbuch.

Feyerabend, P. K. (1987). *Farewell to reason.* Verso.

Feyerabend, P. K. (1992; italienisches Original: 1989). *Über Erkenntnis. Zwei Dialoge.* Campus.

Feyerabend, P. K. (1995a). *Zeitverschwendung.* Suhrkamp.

Feyerabend, P. K. (1995b). *Briefe an einen Freund, herausgegeben von Hans Peter Duerr.* Suhrkamp.

Feyerabend, P. K. (1999). *Conquest of abundance. A tale of abstraction versus the tichness of being,* herausgegeben von Bert Terpstra. The University of Chicago Press.

Feyerabend, P. K. (2005). *Die Vernichtung der Vielfalt. Ein Bericht,* herausgegeben von Peter Engelmann. Wien Passagen.

Feyerabend, P. K. (2009). *Naturphilosophie,* herausgegeben von H. Heit und E. Oberheim. Suhrkamp.

Weitere zitierte Literatur

Agassi, J. (1976). Against method: Outline of an anarchistic theory of knowledge. *Philosophia, 6*(1), 165–177.

Andersson, G. (2019). Karl Popper und seine Kritiker: Kuhn, Feyerabend und Lakatos. In G. Franco (Hrsg.), *Handbuch Karl Popper* (S. 717–731). Springer VS.

Bachmann, I. (1993; Original 1953). Sagbares und Unsagbares – Die Philosophie Ludwig Wittgensteins. In *Werke, Band 4, Essays, Reden, vermischte Schriften,* herausgegeben von Christine Koschel, Inge von Weidenbaum & Clemens Münster. München Piper Verlag.

Bammé, A. (2006). Wissenschaft der Zukunft: Zukunft der Wissenschaft. Von der akademischen zur postakademischen Wissenschaft. In E. Buchinger & U. Felt (Hrsg.), Technik- und Wissenschaftssoziologie in Österreich. *Österreichische Zeitschrift für Soziologie, Sonderheft 8,* S. 277 ff.

Baum, W. (Hrsg.). (1997). *Paul Feyerabend – Hans Albert.* Briefwechsel. Fischer.

Bird, A. (2008). The historical turn in the philosophy of science. In S. Psillos & M. Curd (Hrsg.), *Routledge companion to the philosophy of science* (S. 67–77). Routledge.

Bogner, A. (2021). *Die Epistemisierung des Politischen. Wie die Macht des Wissens die Demokratie gefährdet.* Reclam.

Brown, M. J., & Kidd, I. J. (2016). Introduction: Reappraising Paul Feyerabend. *Studies in History and Philosophy of Science Part A, 57,* 1–8.

Bschir, K., & Shaw, J. (2021). *Interpreting Feyerabend. Critical essays.* Cambridge University Press.

Bschir, K. & Lohse, S. (2022). Pandemics, Policy, and Pluralism: A Feyerabend-inspired perspective on COVID-19. *Synthese, 200*(6), 441 ff.

Der Spiegel (vom 26.05.1968). Liebe anders. https://www.spiegel.de/politik/die-kom munisten-sind-uns-zu-buergerlich-a-0735005a-0002-0001-0000-000046039805. Zugegriffen: 25. März 2023.

Fischer, K. (1992). Die Wissenschaftstheorie Galileis – oder: Contra Feyerabend. *Journal for General Philosophy of Science/Zeitschrift für allgemeine Wissenschaftstheorie, 23*(1), 165–197.

Funkschmidt, K. (2020). Der Antisemitismus in der „Black Lives Matter "-Bewegung und seine Ursprünge. *Materialdienst – Zeitschrift für Religions- und Weltanschauungsfragen, 83*(5), 358–366.

Gedenkbuch Universität Wien. https://gedenkbuch.univie.ac.at/page. Zugegriffen: 15. März 2023.

Gedö, A. (1979). Positivismus und „Postpositivismus". *Deutsche Zeitschrift für Philosophie, 27*(12), 1467–1474.

Gellner, E. (1975). Beyond Truth and falsehood. *The British Journal for the Philosophy of Science, 26*(4), 331–342.

Hagner, M. (2017). Wider den Populismus. Paul Feyerabends dadaistische Erkenntnistheorie. *Zeithistorische Forschungen, 14*(2), 369–375.

Hattiangadi, J. N. (1977). The Crisis in Methodology: Feyerabend. *Philosophy of the Social Sciences, 7*(3), 289–302.

Heit, H. & Oberheim, E. (2009). Paul Feyerabend als historischer Naturphilosoph. Einführung. In P. Feyerabend (2009). *Naturphilosophie.* (S. 7–37). Suhrkamp.

Heit, H. (2006). Reviewed Work(s): Die Vernichtung der Vielfalt. Ein Bericht by Paul K. Feyerabend. *Zeitschrift für philosophische Forschung, 60,*(4), 615–619.

Hooker, C. A. (1972). Analyses of theories and methods of physics and psychology; Minnesota studies in the philosophy of science. *Canadian Journal of Philosophy, 1,*(3–4), 393–407; 489–509 (Critical Notice of M. Radner & S.Winokur (eds.)).

Hoyningen-Huene, P. (1997). Paul Feyerabend. *Journal for General Philosophy of Science, 28*(1), 1–18.

Hoyningen-Huene, P. (2002). Paul Feyerabend und Thomas Kuhn. *Journal for General Philosophy of Science, 33*(1), 61–83.

Kidd, I. J. (2016). "What's so great about Science?". Feyerabend on Science, Ideology, and the Cold War. In E. Aronova & S. Turchetti (Hrsg.), *Science Studies during the Cold War and beyond.* (S. 55–76). Palgrave Macmillan.

Koertge, N. (2013). Feyerabend, feminism, and philosophy. *HOPOS: The Journal of the International Society for the History of Philosophy of Science, 3,*(1), 139–141.

Kuby, D. (2010a). Paul Feyerabend in Wien 1946–1955. Das Österreichische College und der Kraft Kreis. In Benedikt, M., Knoll, R., Schwediauer, F. & Zehetner, C. (Hrsg.),

Auf der Suche nach authentischem Philosophieren. Philosophie in Österreich 1951–2000. Verdrängter Humanismus –verzögerte Aufklärung. (S. 1041–1056). Facultas. wuv.

Kuby, D. (2010b). „Rational zu sein war damals für uns eine Lebensfrage". Studien zu Paul Feyerabends Wiener Lehrjahren. Diplomarbeit. Universität Wien.

Kuhn, T. (1967, Original: 1962). *Die Struktur wissenschaftlicher Revolutionen*. Suhrkamp.

Ley, H. (1981). Erbe, Rezeption und ideologischer Klassenkampf. *Deutsche Zeitschrift für Philosophie, 29*(3), 367–379.

Lurija, A. R. (1968; Original: 1965). *The mind of a mnemonist*. Basic Books.

Martin, E. C. (2019). "The Battle is on": Lakatos, Feyerabend, and the Student Protests. *European Journal for Philosophy of Science, 9*(2), 28.

Martini, F. (2020). Wer ist# MeToo? Eine netzwerkanalytische Untersuchung (anti-) feministischen Protests auf Twitter. *M&K Medien & Kommunikationswissenschaft, 68*(3), 255–272.

McVeigh, J. (2016). *Ingeborg Bachmanns Wien 1946–1953*. Suhrkamp.

Nagel, E. (1977). Reviewed work(s): Against method: Outline of an anarchistic theory of knowledge by Paul Feyerabend. *The American Political Science Review, 71*(3), 1132–1134.

Niaz, J. R. M. (2020). *Feyerabend's Epistemological Anarchism*. Springer Nature Switzerland.

Oberheim, E. (1997). Bibliographie Paul Feyerabends. *Journal for General Philosophy of Science/Zeitschrift für allgemeine Wissenschaftstheorie, 28*(1), 211–234.

Oberheim, E. (2007). *Feyerabend's Philosophy*. de Gruyter.

Österreichische Mediathek. https://www.mediathek.at/akustische-chronik/1919-1938/1934/. Zugegriffen: 15. März 2023.

Pap, A. (1955). *Analytische Erkenntnistheorie. Kritische Übersicht über die neueste Entwicklung in USA und England*. Springer.

Popper, K. (1984; Original: 1934). *Logik der Forschung*. Mohr Siebeck.

Popper, K. R. (2003; Original: 1945). *Die offene Gesellschaft und ihre Feinde. Gesammelte Werke, Band 6*. Mohr Siebeck.

Sarasin, P. (2019). „Anything goes": Paul Feyerabend und die etwas andere Postmoderne. Berlin: Geschichte der Gegenwart. https://www.zora.uzh.ch/id/eprint/182292/. Zugegriffen: 25. März 2023.

Shaw, J. (2021). Feyerabend and manufactured disagreement: Reflections on expertise, consensus, and science policy. *Synthese, 198*(Suppl 25), 6053–6084.

Sidky, H. (2020). *Science and anthropology in a post-truth world: A critique of unreason and academic nonsense*. Lexington.

Spinner, H.F. (1977). Thesen zum Thema Reichweite und Relevanz der Wissenschaftstheorie für die Einzelwissenschaften – Analytische Philosophie versus Marxismus. In: Braun, K-H. & Holzkamp, K. (Hrsg.), *Kritische Psychologie, Bericht über den I. Internationalen Kongress Kritische Psychologie, Bd. 2*. Pahl-Rugenstein.

Tomasello, M. (2020). *Mensch werden: Eine Theorie der Ontogenese*. Suhrkamp.

Topper, D. R. (1975). Feyerabend, "Against Method" (Book Review). *Canadian Journal of History/Annales Canadiennes d'Histoire, 10*(3), 393–395.

Verein Ernst Mach (2006, Original: 1929). *Wiener Kreis. Texte zur wissenschaftlichen Weltauffassung von Rudolf Carnap, Otto Neurath, Moritz Schlick, Philipp Frank, Hans*

Hahn, Karl Menger, Edgar Zilsel und Gustav Bergmann, herausgegeben von Michael Stöltzner & Thomas Uebel. Felix Meiner.

Waschkuhn, A. (1999). Die Loslösung bei Paul Feyerabend: Erkenntnis für freie Menschen. derselbe, *Kritischer Rationalismus* (S. 233–254). Oldenbourg.

Wittgenstein, L. (1963; Original: 1922). *Tractatus logico-philosophicus: Logisch-philosophische Abhandlung*. Suhrkamp.